洞见
不一样的女性

洞见君

著

人民邮电出版社

北　京

U0734165

图书在版编目（CIP）数据

洞见不一样的女性 / 洞见君著. -- 北京 ：人民邮电出版社, 2025. -- ISBN 978-7-115-68014-3

I. B821-49

中国国家版本馆 CIP 数据核字第 2025DK0781 号

◆ 著　　　　洞见君
　　责任编辑　　侯玮琳
　　责任印制　　陈　犇
◆ 人民邮电出版社出版发行　　北京市丰台区成寿寺路 11 号
　　邮编　　100164　　电子邮件　315@ptpress.com.cn
　　网址　　https://www.ptpress.com.cn
　　三河市中晟雅豪印务有限公司印刷
◆ 开本：880×1230　　1/32
　　印张：9.25　　　　　　　　　　2025 年 10 月第 1 版
　　字数：146 千字　　　　　　　　2025 年 11 月河北第 3 次印刷

定价：59.80 元

读者服务热线：**(010)81055410**　印装质量热线：**(010)81055316**
反盗版热线：**(010)81055315**

前言

一

转眼间，"洞见"已经成立 11 年了，公众号的粉丝也突破了 2900 万，而其中女性用户占比超过 60%。

这些年，在后台的留言中，在与粉丝的对话中，我逐渐发现，中年女性责任多、任务重，内耗也多。无论在家庭中，还是职场里，她们永远有操不完的心，受不完的累。而且女性的感知本来就更加敏锐，心思更加细腻，由此带来的消耗也就更多。

所以，我产生了一个想法：编写一本专为女性而作的书，希望能为大家带来些许帮助和慰藉，让每个人都能卸下心中的负担，活得更加松弛自在。

我认为要想真正活得自在，关键在于心智的觉醒。本书为读者梳理了自我觉醒的底层逻辑和核心要素，并以读者内心需求为导向，深入挖掘并提炼出认知、情绪、人际关系、职场发展、自我关爱等几个备受关注的核心话题，以此构建了完整的内容框架。全书共分为五大板块：

认知提升心法，帮你走出困局；

情绪管理心法，教你做情绪的主人；

人际关系心法，助你拥有不内耗的关系；

职场提升心法，让你成为职场"大女主"；

自我关爱心法，带你把自己重新养一遍。

以这个框架为基础，我在洞见公众号的文海里一次次筛选比对，选出 44 篇文章重新进行校订，每一个故事都精心挑选，每一句话都反复斟酌，力求不辜负大家的信任，力求能为身处困境的女性朋友带来一些启发。

我很认可一个观点：你现在碰到的每个困境，都是针对你性格的弱点而量身定制的，所以命运反复出题，直到你给出新的答案。而命运的每一次刁难，都是重塑自我的契机。如果你此刻正陷入痛苦，希望你翻看本书。

在这里，你将洞察到与众不同的女性形象，看到多元的女性人生范本。她们或兼具刚柔，或内心沉稳，或独立果敢。她们是从脆弱走向强大的实例，她们的故事也许能唤醒你内在的潜能。

正如杨绛先生所说："人虽然渺小，人生虽然短促，但是人能学，人能修身，人能自我完善。人的可贵在人自身。"生活的难题，避无可避，主动改变自己，更新自己，丰富自己，你就能亲手重塑生活。

最后我想感谢促使这本书面世的你们：

感谢人民邮电出版社的编辑对这本书提出的宝贵意见；

感谢各位读者朋友的一路相伴和支持。

你们常说，洞见是一个温暖治愈、可以带来自我提升的平台。但其实，洞见只是点燃了一盏灯。真正让你成长的，是自己内心深处想要变好的愿望，是你在阅读时从文字中所汲取的力量。

生活从不会辜负每一个向上生长的人。愿大家在阅读本书的过程中能唤醒自己，在岁月中一步步修炼成自己想要的模样。

目录

一

第一章
认知提升心法

第二章
情绪管理心法

第三章
人际关系心法

第五章
自我关爱心法

认知提升心法

一

女性的强大，从掌握人生的底层逻辑开始

一个女人对人生的底层逻辑认知有多深，她的能力就有多强，成就就有多大。有些人捉摸不透社会的基本规则，摸爬滚打了大半辈子，依旧困于底层；有些人却能一眼看透事物的本质，该如何做人，该怎么行事，心里都很清楚，自然能得到他想要的结果。见微以知萌，见端以知末。我们可以从一个女人为人处世的底层逻辑中，窥见她的人生。

01

世上最紧密且长久的关系是什么？一位美国社会学家给出的答案是泥土和树苗的关系。他说，树苗得到泥土的滋养，最终长成参天大树；泥土吸收腐化的落叶，从而愈加肥沃。好的社交关系同样也是如此。一个人若是自私自利，只

顾自己，谁都会对他敬而远之。如果你有成人之美之心，有利他之举，任何人都会愿意靠近你、结交你。

看过这样一个故事：某作家涉足的圈子极广、好友众多。据说，他对朋友极为仗义，既可以为其锦上添花，也可以为其雪中送炭。有一次，他的一位画家朋友准备办个人作品展，找他帮忙写一段作品的背景介绍，他答应试一试。结果，没过多久，他就交给画家一篇文采飞扬的文章。这个画家很感激自己身边能有像他这样的朋友。后来，画家办了一个以"朋友"为主题的画展，还特地画了一幅他的肖像，以示对这段友情的重视。

社交的底层逻辑是利他。一段关系的开始，很多时候在于互相"提供价值"。

02

在一次文化活动的晚宴上，有两位青年作家在闲聊。漫长的酒会上，看眼前衣香鬓影，其中一位感慨地说："很难想象菲茨杰拉德每天参加这种聚会，还能进行文学创作。"另一位作家也说："我要是天天生活在觥筹交错中，活着都费劲。"事实上，菲茨杰拉德笔下的盖茨比，最后正是在纸醉金迷里沉沦，毁了一生。

所有的爽都是转瞬即逝的，最踏实长久的快乐是恒久的努力换来的成就感。

沉迷于灯红酒绿，或是整天刷视频，只能得到一时的快乐。而学一种技能、看一本名著、完成一个长期目标，一开始虽然痛苦，但最终迎接你的将是持久的回甘。

人生是公平的。那些让你一时爽的东西，最终可能会让你痛；而那些让你痛的东西，才可能让你真正成长。如果你周围的人都在放纵自己，你却选择了克制；周围人都在"摆烂"，你却选择了努力，那么日复一日，你自然能卓然出众。拥有想要的人生。

03

钱学森先生晚年时，由于身体不便需要长期卧床休养，有一次他请夫人蒋英代替他去领个奖。临出门时，蒋英开玩笑地对钱学森说："我领回来的钱归我，奖归你。"钱学森听完笑了笑，立马回复说："这个好，'钱'归你，'蒋'归我。"在这样有爱且温馨的家庭里，儿子钱永刚受到了很好的熏陶。

钱学森忙于事业，但钱永刚却说他是"一个称职的父亲"，因为父亲的言行就是最好的教育。在央视节目《谢谢了，我的家》中，钱永刚说："爸爸妈妈，我很感谢你们……你们的身教和言教，让我对名和利能够有比较清醒的认识……你们给我的这些教诲，让我在人生当中能够站得住……"

父爱则母静，母静则子安，子安则家和，这是一个家庭幸福的底层逻辑。一个人善待家人，温暖的能量就会在每一个家庭成员之间流动不息，家也会欣欣向荣。

出身知识分子家庭的陈晓卿，一直很感激父母给了他一个温馨的童年。父母相处的一个细节让他印象特别深刻。出生于水稻之乡的母亲吃不惯北方的饭菜，常常念叨着故乡的吃食，像腊肉、糍粑、蔬菜等。父亲暗暗记在心中。所以，父亲蒸馒头时，会在蒸锅中间为母亲放一碗米饭。对此，母亲也便有了一个习惯，自己做米饭时，总会热两个馒头给父亲。

"南米北面，求同存异"的饮食习惯，父母保持了五十多年。陈晓卿记得一个细节：老家的年夜饭讲究七个盘子八个碗的"标配"，小时候家里穷，父亲便会想办法"凑盘子"——哪怕只是拿点花生滥竽充数。在陈晓卿看来，父亲是一个"乐观的形式主义者"，但是随着年龄增长他才渐渐明白，父亲这么做只是希望可以让所有家庭成员都感受到温暖，而不是寒酸。父亲怎么呵护母亲、怎么照顾家庭，这些行为潜移默化中影响了陈晓卿的人生观，给他的成长带来源源不断的能量。

当一个人具备厘清底层逻辑的能力后，首先，他能快速识别问题的核心矛盾，提升决策效率；其次，他会建立自己统一的判断标准，减少认知偏差；最后，在持续的实践中，他的个人发展形成良性循环，进入螺旋上升通道。我们对底层逻辑的认知越深刻，解决问题的能力就越强，看待事物也就越清晰，人生自然过得越顺遂。

思考的深度，决定了一个女人的人生高度

有一幅很经典的漫画作品，画的是一个人踩着堆积如山的梯子，仍旧无法翻越高墙，只能趴在墙头上叹息。

一个人思考的深度，决定了他的人生高度。很多时候，作为女性，我们更容易被困于生命的高墙中，其实我们并非缺少梯子，而是从未认真想过，如何更好地使用梯子。

01

投资家冯仑曾在演讲时分享过一个故事。某牙膏公司的市场部总监在一次会议上提出年销售额增长 20% 的目标，很多员工为此怨声载道：在公司的市场份额已连续 4 年增长超过 10% 的情况下，这样的销售目标简直是强人所难。相比这些抱怨的员工，一些经理则加快研发新品，并且设计促销方

案，希望以此促进销售，达成增长目标。

然而两个月过去了，这些举措对于刺激销售并没有明显效果。后来一位实习生发现，牙膏市场的竞争已经十分激烈，通过降低价格或改进技术很难获得优势。他对牙膏的消费群体的刷牙习惯进行调研后，向市场部总监提出一个方案：将牙膏口径扩大到 6 毫米。这个几乎不需要耗费研发资金的方案，成功提高了客户每次刷牙时牙膏的平均用量。一年后，这家公司的牙膏销量增长了 32%。这位实习生不仅获得 10 万美元的奖励，更在两年后升任经理，成为晋升最快的员工。

思维模式可分为三种：感性思维、逻辑思维和结构思维。感性思维属于点状思维，习惯用感性思维的人容易对事件没有延伸思考，只是基于某种情绪进行主观判断。正如牙膏公司的大部分员工，他们面对销售目标，只知宣泄负面情绪，而没有思考如何解决问题。

逻辑思维是线性思维，由一个原因，推出一个结果。相较点状思维，线性思维有很大提升，但思考维度过于单一。就像牙膏厂的经理，他们能想到通过提升质量或降低价格来增加销量。但当他们陷入线性思维，就不再挖掘其他可能性，同样难有作为。结构思维则是一种面状思维。拥有面状思维的人会主动挖掘更多可能性，最终给出兼顾各方的最优判断。而这，就是深度思考的能力。

02

我最近重温电视剧《我在他乡挺好的》，对剧中苏晴的经历感触良多。为了给新领导留下好印象，她主动参与组里其他同事的项目。每当同事跟她分享项目信息，都提醒她多花时间，去厘清其中的来龙去脉。苏晴不以为然，反倒认为同事把太多精力花在细节上，根本无法给领导留下好印象。

短短半个月，她走马观花一般将组里每个项目都了解了一遍。在项目例会上，无论新领导问关于哪个项目的问题，她都抢先回答。一时间，她认为自己就是工作组中最突出的员工。直到领导发问："此次项目的发布时间，相较立项时的预期进度有推迟吗？"苏晴顿时语塞。她的同事这才起身，不仅回答了项目的推迟时间，还详细解释了推迟的原因，以及推迟后的相关举措。后来，部门经理在辞退苏晴时对她说："记住，你到新公司后，与其不动脑子地做十件事，不如多花时间把一件事想透。"

透过剧情看现实，我发现苏晴不过是当下信息时代很多人的真实写照：遇到棘手的问题，直接上网搜索"标准答案"；无脑遵循流程，从不考虑流程设计的原因；看到长篇干货文章，迫不及待跳过论述部分，只关心结论……

一个浮于表面且懒于思考的人，注定平庸。摆脱碎片化的表面信息的影响，养成深度思考的习惯，是人生进阶的第一步。

03

《认知突围：做复杂时代的明白人》一书中，有一张"时间－收益"曲线图。以思考为例，它讲的是，起初大部分人在思考上花费的时间，不会带来明显的收益，甚至收益在积累速度方面，慢于直接行动。但随着思考时间持续增加，个人终将获得蜕变式的成长。

1. 从时间维度去思考

亚马逊公司创始人贝索斯曾说："如果你做一件事，把眼光放到未来三年，和你同台竞技的人会很多；但如果你把眼光放到未来七年，那么能和你竞争的就会很少，因为很少有公司愿意做如此长远的打算。"

在这个快速发展的世界，时间是关键的变量之一。一项计划的设计时长每增加一年，所要考虑的内容便会增加好几个量级。而正是这种思维量级的跃升，能帮助我们在进阶的路上过滤掉绝大多数对手。一个人如果只看到眼前的收益，他所思考的无非是怎样和同事"内卷"，或者如何一边上班一边偷偷搞副业。可当他将目光拉长到五年乃至十年，他便会主动从这些竞争与消耗中抽身，将时间用来思考那些拥有前景，但目前鲜少有人考虑的发展方向。

不要高估一年的积累，也不要低估十年的改变。试着问自己："将目前的生活延续到三年后，它是否仍是我想要的？"如果答案是否定的，不如设定一个三年以上的目标，然后以月为单位，细化实现目标所要执行的步骤。在这个过程中，你将督促自己去看专业以外的书籍，接触目前职场和生活圈子以外的人脉，从而扩充认知和阅历，并逐渐形成深度思考的习惯。

2. 从空间维度去思考

想要改变墙上的投影，必须跳出墙体所在二维平面，去三维空间中改变被投影的物体。生活往往也是如此，很多当前维度上的难题，通过升维思考便能迎刃而解。

丰田汽车公司的前社长丰田英二曾在巡视车间时询问正在更换保险丝的员工："保险丝为何会熔断？"员工不假思索地回答："设备超负荷运转，导致保险丝的温度过高。"丰田英二对这个回答并不满意，于是叫来各部门的技术人员进行归因讨论。

在讨论过程中，他们不断拓宽思路，从原先的一根保险丝，扩大到整条流水线，并得到一整条因果链。最终，技师通过加装过滤器，彻底解决了保险丝熔断的问题。丰田也由此大大提升了生产效率，凭借成本优势，很快成长为当时全球领先的汽车企业。

通常，我们大多数人最初的思考空间会局限于狭窄的一点。就像一个设备的保险丝断了，如果只关注出故障的保险丝，你能做的就是每次出故障后停机换保险丝。可当你拓宽思维空间，将其他因素，比如与保险丝相关的设备，纳入考虑范围，你的思维便有了维度。随着考虑的因素不断增加，我们的思考便实现了由点到线，再到面的蜕变。

　　当我们的思考到达一定深度，在某个瞬间就会出现一个突破点。而正是通过这一点的发散，我们最终将拥有更立体的思维模型。无论是时间还是空间，都会潜移默化地改变你的思维模式，让你找到诸多选择中的更优解，看到比别人更远的未来。

　　《思考，快与慢》的作者卡尼曼曾指出："重复且长时间的无尽忙碌，只要条件具备，大部分人都可以做到。难的是思考。没有深入的思考，勤奋就没有意义。"每一次深度思考，其实都是在"打破"自己："打破"单一浅显的思维框架，"打破"陈腐的认知和经验。

看透因果的女人，人生少走弯路

前两天，我又翻了一遍《苏东坡传》，看到苏轼和一位佛教大师有这样一段经典对话。苏轼问大师："在这恶浊的世道，如何才能超脱？"大师只答了八个字："顺受其果，不种其因。"这句话的意思是说，对突然而至的恶果保持接纳和洞察，同时不造恶因以避免将来的痛苦，你的内心就会趋于安宁。

世间道理千千万，唯有因果不虚。当一个女性看透了因果，人生便能少走弯路，活得更加自在。

01

最近，我重温了经典电视剧《重版出来！》，再次被剧中出版社社长久慈胜的智慧所折服。几十年来，他一直坚持日常行善。看见地上有垃圾，他会顺手捡起；路上遇到行人摔倒，他也会扶起对方。别人问他，明明贵为社长，为什么还要做这些小事。他笑着表示，经常做好事，幸福感会膨胀好多倍。

但行好事，莫问前程。命运不会辜负善良的人。

有这样一个故事。一天早上，一位妈妈在送女儿上学的路上，遇到了一个流浪汉。别人见他邋遢的模样，都露出了厌恶的表情。只有这位善良的妈妈，不仅给流浪汉买了早餐，还教导女儿为人要善良。女孩听了，每次见到流浪汉都会送他一颗糖果，对方也渐渐被女孩的善良打动。有一次下雨，她不小心掉进了下水道，生命危在旦夕。不承想，竟是流浪汉冒着大雨救了她。原来，他见女孩今天没有像往常一样路过这里，猜想她可能出事了，便冒着大雨沿路寻她。与其说是流浪汉救了女孩，不如说是女孩用善良救了自己。

人生如逆旅，皆是同舟人。人世间所有的善意都不虚此行，世间美好的事总是环环相扣的，你种下的每一颗善良的种子，都会默默扎根大地，直到长成参天大树。

02

2024 年，36 岁的老将马龙再一次登上了奥运会的赛场。谈起乒乓球，马龙一定是当时当之无愧的领军人物之一。有人说，他就是为乒乓球比赛而生的。但鲜少有人知道，他取得辉煌的成就前，也曾蛰伏了多年。

当年，他不仅在各种世界大赛中多次败北，还错失了 2012 年伦敦奥运会的单打资格。就连教练都觉得他的运动员生涯也许会止步于此，马龙却硬生生扭转了命运。他每天起早贪黑地训练，琢磨各种打法，最后练成"六边形战士"，拿到众多比赛的机会。这不仅成就了他的冠军人生，甚至还让他成为首位乒乓球男单"双满贯"选手。

这世上，你得到的机会，从不是运气使然，而是努力后的必然。往往只有你做足了准备，付出了足够的努力，机遇才会敲响你的大门。

前中央电视台主持人敬一丹曾分享过自己的经历：她大学毕业后顺利回到家乡成为一名电台播音员，但日子过久了，她不免感到有些乏味空虚，这也让她萌生了继续深造的念头。要知道，在当时那个年代，放弃"铁饭碗"还是非常离经叛道的行为。更何况她当时从未学过英语，连26个字母都认不全。

可敬一丹铁了心要考上研究生，一年考不上，那就花两年、三年的时间。她知道只有自己迈出这一步，才能离想要的人生更近一步。终于在第三年，她如愿考上心仪的学校。研究生毕业后，敬一丹进了中央电视台，成功圆了自己的主持梦。后来，她在主持这条路上越走越远，不仅连获三届金话筒奖，还主持了全国第一个以主持人名字命名的节目《一丹话题》。

倘若把成功的希望寄托在渺茫的运气上，你到头来很可能会一无所有。命运早就告诉了每个人，你只有好好经营机会的因果，才能拿到打开成功之门的钥匙。只管做你该做的事，当你全力以赴地奔向未来时，机会便会与你不期而遇。

03

一个外卖小哥曾在网上分享过自己的故事。他用十几年的时间，改变了整个家庭的命运。他十几岁时辍学，独自一人到西安打工。他做过建筑工人，也送过外卖，每个月工资只有几千块。

他知道光干这些体力活，很难赚大钱。短视频兴起后，在亲戚的鼓励下，他琢磨起了拍短视频、做直播。但他对此一知半解，刚开始时直播的效果并不好。为了补齐这方面的知识，他读了不少相关的书籍、上了不少网课。花了几个月时间，他的短视频账号终于拥有了几十万粉丝。

2023 年，他还接到了品牌方的邀请，参加直播助农活动。如今，他早已用认知赚到了钱，买了房和车，让家人过上了更好的生活。

选择决定命运，认知决定选择。只有梯子搭对了墙，努力爬才有意义。倘若没有认知的加持，即使我们侥幸赚到了钱，最终也容易变成一场空。财富背后的因果顺序，向来由认知决定。只有正确认识金钱，你才能驾驭金钱。你的认知水平越高，自然看得越远，财富离你也会越来越近。

稻盛和夫提出过一个观点：人的一生通常只有两个因素，一是命运，二是因果，而决定命运的必定是因果。这世上，从来没有无缘无故的好运，也没有平白无故的坎坷。当你做到相信因果、看见因果、敬畏因果时，便能与好的人生不期而遇。

不要成为多巴胺的奴隶

01

美国精神病学家卡梅伦·瑟帕（Cameron Sepah）曾经做过一个实验，受邀参加实验的都是硅谷一众创业公司的高管。他们平时工作繁忙，还要承受各个方面的压力。所以一旦空闲下来，他们不是抽烟，就是喝酒，或者去各种社交场所缓解压力。瑟帕要求他们在实验期间暂停这些娱乐活动。结果很长一段时间里，高管们出现了记忆衰退和注意力涣散的症状，例如：会议开到一半，他们就开始走神；材料看了几行，他们就开始不耐烦。独处时他们更是会感到莫名的焦躁，坐立难安。

瑟帕表示："快节奏的娱乐方式会刺激多巴胺加速分泌，让你持续感到精神上的愉悦。可一旦离开这些能带来快感的东西，你就会极度不适应，进而感到焦虑和空虚。"瑟帕把这种现象称为"多巴胺戒断反应"。

02

你可能会问，为什么要警惕快节奏的娱乐方式？让我给你分享一个发生在我自己身上的故事。有一次去亲戚家做客，亲戚10岁大的儿子正捧着一部手机看短剧。在我的印象中，短剧布景粗糙，演员演技尴尬，角色对白更是老套到不行。我忍不住凑了上去，想搞明白这样粗制滥造的视频，怎么会有人看得津津有味。结果才看了几集，我就像变了个人一样。整个下午，我们一口气看完了4个系列、50多个视频。直到亲戚喊我们吃晚饭，我仍抓着发烫的手机意犹未尽。经历过这件事情，我再也不敢看短剧了。大部分短剧每段情节的设置能够精准拿捏观众的爽点，不仅让人分分钟入戏，而且情节环环相扣，让人一看就停不下来。

其实，何止是短剧，种类繁多的手游，不用安装注册，打开小程序就能玩，几秒钟给你爆个装备，几分钟让你升一次级；脑洞大开的网文，一章一个反转，三章一个大高潮，加上动辄几百万字的篇幅，足够让你从早看到晚；还有算法根据你的喜好推送的热销商品，平台根据你的兴趣推送的热搜八卦……互联网有一百种方式让人欲罢不能。

作家杨熹文在读大学时曾发现这样一种情况。一个寝室的室友，很少有看同一部纪录片或同一本名著的，却经常有追同一部网剧或玩同一款游戏的。只因看纪录片和读名著需要时刻思考，而且一旦缺乏专业知识，就很可能无法理解内容。相较之下，玩游戏和看网剧没有门槛，人们容易乐在其中。

心理学家拉姆塞·布朗曾说："世界上如果存在让所有人上瘾的代码，那一定是多巴胺的代码。只要让你的大脑持续收获快感，我们就能用极小的代价，让你去做特定的事。"娱乐至死的时代，很多人早已堕入被精心设计的多巴胺刺激的陷阱，而自己仍浑然不知。

03

某知名游戏工作室曾以高薪聘请游戏体验师。工作室提供顶尖配置的计算机、舒适的环境，还有美味的工作餐，而游戏体验师要做的只有一件事，那就是玩各种游戏。知乎上有人提问：为何不直接让内部员工来玩，这样还能省下一大笔钱？评论区中有位从业人员的回答让我记到了现在："游戏设计者（设计游戏）的目的，是让玩的人上瘾，而不是让自己上瘾。"其他娱乐产品的设计者何尝不是这样。他们之所以这么做，正是因为深知这些产品容易让人上瘾。而普通人一旦接触，很容易沉迷其中，变得安于现状，懒于思考，哪怕生活有种种不如意，也很难有改变的动力。

我曾在图书馆经常遇到一位在备考研究生的女孩。女孩的桌上堆满了辅导书，笔记本计算机里则播放着课程讲解视频。但她总是稍微学一会儿就拿起身旁的手机，一看就是好几分钟。有时我经过她身边，发现她不是在刷朋友圈，就是在微博给明星的博文点赞。后来我们在路上偶遇，我问她考研的成绩如何。结果女生嗫嚅了半天，最后表示自己没怎么复习，索性就没去参加考试。

某位主播曾说："高级的快乐会给你设置重重障碍，但低级的快乐却会直接给你想要的。"玩手游、看短剧、暴饮暴食的快乐触手可及，却都已暗中标注了价格。走两步路就气喘吁吁，看半小时书就烦躁无聊，工作起来度日如年。臃肿的身材、涣散的注意力、退化萎缩的大脑，这些都在明目张胆地偷走你的雄心壮志。一个人一旦沦为短暂快感的奴隶，就容易被平庸的生活绑架一生。

04

你是否也有这样的感觉：如果一早起来，先刷手机或玩游戏，那么整个早上大概率会被荒废。相反，如果先去晨跑或看书，尽管一开始会觉得很难熬，可坚持下来就会感到异常满足，时间似乎也一下子变得充裕起来。让你轻松收获快乐的东西，并非生活的奖赏，而是命运的枷锁。摆脱短暂快感的裹挟，你才能真正改变自己，找回对生活的掌控感。

某知名作家刚开始写作时，特意给书房的门配了一把锁。每当走进书房，他就会让家人把门锁上。狭隘封闭的书房里，没有香烟、没有手机，唯一的电子设备是用来打字的计算机，而且还没有联网。起初他觉得待在书房里的每一秒都是煎熬，有时他甚至恨不得像猫一样，伸出手指去抓门板。不过家人严格按照他的要求办，除非他写完一章，否则绝不给他开门。于是他不得不按捺内心的焦躁，倒逼自己把心思放在写作上。就这样过了一段时间，他发现自己的写作效率有了明显提升。原本四五千字的内容，他写写停停，要折腾一整天。但在没有外界干扰的情况下，他只用两三小时就能写完。也正因如此，他只用短短 4 个月的时间，就完成了自己的第一本书。

拒绝短暂快感的决心，不是忍出来的，而是逼出来的。做不到不玩游戏，就在看书时把手机锁进抽屉里；做不到不沉迷看剧，就索性在工作的时候断掉网络。我们可以给自己创造一个远离低级快乐的环境。当你把初期的煎熬撑过去，你终会品尝到坚持过后的回甘。

05

我很赞同这样一句话："人间不会有单纯的快乐。"任何一种向上的人生，都要克服重力。而拒绝短暂的快乐，就是让一个习惯走下坡路的人向高处前行。开始的每一步都很难，但唯有如此，我们才能最终让自己的人生进阶到更高的层次。

过度负责，是一个中年女人活得很累的根源

之前，我看《胭脂扣》时，对一句台词深有感触："做女人真难，尽了力也不知道为什么依然过不好。"其实，答案就藏在问题里。

女人过不好的根源，就是太过尽力了，太过负责了。把一家子的事都揽在自己肩上，当然会走得很累，很难。

01

北京师范大学副教授钱志亮分享过一个案例。一位母亲在孩子身上投入了百分百的精力。孩子小时候，吃的喝的穿的用的，她事无巨细。孩子几岁上兴趣班，上哪些兴趣班，她都要按照专业指导来操作。她紧紧盯着孩子的每一个错

误,一旦孩子未达预期,她就吃不好睡不着。她越活越累,越累越烦躁,致使整个家庭弥漫着一股火药味。

越在意,越焦虑。紧与松之间分寸的把握能力,体现了中年女人在教育上的本事,也体现了自我的修行水平。

英国精神分析学家唐纳德·温尼科特,曾提出过一个"60分母亲"的概念。所谓"60分",指的是(母亲)既不要对孩子完全不管,也不要事事都想管。

林徽因对自己的两个孩子从来不做过多的干涉。她不会包办孩子的生活和学习,也不会强迫孩子选择某个专业和职业。她唯一秉承的原则,就是让孩子们在一个平等、宽松、快乐的环境中健康成长。这样的教育结果是,孩子个个有出息,林徽因自己也有精力和时间专注于自己的学术。

把生活归还给孩子,把精力收回到自身,匀出一部分能量滋养自己,你的身心才不至于枯竭。对于孩子,学会放手是每个中年女人都要学的一门课题。

02

李银河在书中说过一个很有意思的观点——中国妈妈本

质上是西西弗式的折磨：家里的东西脏了，你就得把它弄干净，弄干净以后它又脏了，脏了又得弄干净。就像古希腊神话里被惩罚的西西弗斯，终生都要推着那块巨石往山上走。因为当他费尽全身的力气把石头推到山顶，石头又会"哗"地一下滚到山下去。孩子是那块巨石，家也是那块巨石，妈妈们想要以一己之力撑住它。

多少中年女人身兼数职：好员工、好妻子、好母亲。同时她们还是厨师、清洁工、居家保姆、儿童心理咨询师……她们既被困于工作时，又囿于锅碗瓢盆中，操持着家庭里里外外的事。每一周、每一天，都有无数要费心费力的事等着她们去做。

认知行为疗法之父阿伦·贝克曾在书中讲过中年职场女性丽贝卡的故事。

丽贝卡的孩子成绩不好，父母都生着病，老公也不上进。她总忍不住想：老公不给力怎么办？孩子考不上想去的学校怎么办？父母病情恶化怎么办？每到深夜，她都因此焦虑到无法入睡。当你把一切责任都扛在自己的肩上，扛久了就会累，想多了就会疲。有限的精力，承担无限的责任，如此往复，消耗的只有我们自己。

　　我一直很喜欢一位女性，叫李一诺。李一诺在麦肯锡公司工作时，陆续生了三个孩子。按理说，一边是世界 500 强的高管，一边要操持家庭，换成谁都会力不从心。可她偏偏做到了事业与家庭兼顾。在家庭方面，李一诺把一部分家庭责任交给丈夫，尤其在生育三个孩子期间，两人会沟通协调育儿与工作的相关事宜，这为她在职场和家庭之间灵活切换提供了重要保障。在教育孩子方面，李一诺抓大放小，在确定了大的教育框架、教育方向后，她就让孩子自由发展。就这样，家庭在丈夫的帮忙操持下井井有条，孩子们也都很优秀，而她自己也开辟了新事业。

　　我们都说，一个家最好的样子，是每个人各司其职，又彼此帮衬。这个家一定是离不开你的，但是这个家未必时时都需要你。你要相信家人会负责好自己的事，也请允许自己偶尔松弛下来。这是一种智慧，也是一种持家之道。

03

　　美国普林斯顿大学教授安妮指出这样一个困境：有时候，无论一个中年女人如何努力，她都很难兼顾成功的职业生涯和圆满的家庭生活。想走出这样的困境，她唯一的方法就是收回自己的能量。每个人的一天都是 24 小时，每个人的肩膀承重都是有限的，当你将大部分时间和精力用在家人身上，必然会忽视自己的生活。当你做到了适当卸下自己身上的担子，你才能重新找回内心的秩序。

我在知乎上看到过一位中年妈妈讲述的自己成长的故事。

曾经她每天忙得不可开交，却把日子过成一地鸡毛：女儿叛逆难教，和老公相处也愈加冷淡。之后为了怀二胎，她选择放弃销售主管的工作，原本想着这样能更好地经营家庭，没想到争执与烦恼依然不断。感觉到自己开始有抑郁倾向后，她接触到了心理学，也为自己阴霾的生活打开了一扇窗。她越学越喜欢，而且把一部分时间和精力花在喜欢的心理学上，她生活中的烦恼也相应地减少了许多。同时，因为学习了心理学，她对亲子教育、亲密关系有了更成熟的认知。过去，她总是怕自己做得不够好；现在她才明白，中年女人应该一半为家庭，一半为自己。

女人，是一个家的灵魂。只有你变好了，这个家才能变好；只有你不慌不忙了，这个家才能真正安定下来。

　　我很喜欢一个比喻：一个家庭，是一座自上而下的喷泉。家庭成员各有序位，又彼此供养。而中年女人，在滋养家人时，要先丰盈自己。

　　51 岁读博的三孩妈妈张枚，有一个很明确的原则：做母亲，需要付出，但不能牺牲。一有时间，她就会到全国各地旅行，丰富自己的见识；她的事业越来越好，经常受邀开展讲座；如今年过半百，她又重返校园提升自我。而她的三个孩子受她影响，从小就自觉自律，学习特别好。每个人都有自己的人生课题，即使再亲近的人，有时你也无法参与和改变他的人生。

　　中年女人，越少管事，越能获得平静。请从现在开始，不要困于别人的课题中，置顶自己才是重要的。

　　作家林海音写过一篇文章，叫《今天是星期天》。她在文章写道，丈夫给孩子们立下规矩：

　　"记住，孩子们，以后每个星期天都是妈妈休息的日子，无论什么事都不要妈妈动手，她已经辛苦了一个星期了！"

　　每到周末，丈夫承包了所有家务，妻子则在一旁安静休息。看到这一幕时，我们都会羡慕这样的丈夫真好。可我们不妨这样想：与其奢望一个这样的老公，不如我们对自己好点。

　　作为母亲、作为妻子的你，要适当给自己的生活留白，让身上的担子轻一点，让自己的心静一点。

一念天堂，一念地狱：转念的人生哲学

前几天看蒋勋讲苏轼的人生哲学。他说，苏轼每次看到一个令人哀伤的东西时，一转念却看到了它正面的意义。

比如"花褪残红青杏小"；花儿凋零，本来是一件令人哀伤的事情，但是转念后他就写青杏已经长出来了；比如"枝上柳绵吹又少，天涯何处无芳草"；枝头的柳絮快要被吹没了，但是他转念就写种子四散天涯，处处都是生机。

这就是苏轼的乐观，苏轼的豁达。这样的人生哲学，让他熬过了人生的起落无常。

物随心转，境由心造。人生的祸福喜乐，其实都源于我们的心念。尤其对女性而言，学习苏东坡的人生哲学，学会用积极的心态面对一切，逆境将变成岁月对你的奖赏。

01

我们常说：祸福相依。万事万物都有两面，如果我们总是盯着糟糕的一面，生活只会常被一片阴霾笼罩。学会转念，换一个角度，换一个思路，生活才能豁然开朗。

苏轼被贬海南的时候，想用好墨抄书，于是捡松枝来制墨。结果某天夜里墨灶忽然失火，差点把苏轼的房间烧了。谁知道苏轼并未沮丧，反而开心地说："烧得好，这下烟灰多得用不完了。"在海南住了一段时间后，政敌董必为了讨好宰相章惇，派人把他赶出官舍。苏轼没办法，只能在树林里盖了栋简陋的房子。儿子苏过十分沮丧，苏轼却说："幸好把我贬到海南来了，要是换了其他地方，睡在树林里怕不是要被冻死。"

这就是苏轼的人生哲学。别人遇到事情总是盯着坏的一面不放，苏轼却总能看到好的一面。无论何种境遇，他总能乐观面对。

乐观的心态是打开希望之门的钥匙。有了这把钥匙，我们才能走过黑暗，走出阴霾。

1934 年，老舍到上海后发现："上海正笼罩着战争气氛，整个书业都不景气……当专业作家这碗饭不好吃。"迫于生计，他不得已来到山东大学，一边写作，一边教书。后来为了专心创作，他还辞去教职，一度断了收入来源。因为没钱，老舍的生活难免有些窘迫：坐不起车，出门只能靠走路；没钱下馆子，只能自己做饭。他却说："走路更健康，自己做的食材更新鲜。"平时没有钱娱乐，只能出去散散步、遛遛弯，他却说："（这样）不用花钱还接近自然。"

正是这种乐观的心态，让他熬过了这段人生低谷。也正是基于这段经历，他写出了《骆驼祥子》，这部小说奠定了他在近代文学史上的地位。

境无好坏，唯心所造。人生境遇到底是好是坏，全看你到底如何看待。一念天堂，一念地狱。遇事多想想好的一面，人生才能柳暗花明，我们也才能在峰回路转中找到命运藏起来的惊喜。

02

我前几年去杭州西湖玩，走一圈下来，腿直发抖。横跨西湖两岸的苏堤，一条直路走到头，让我印象最是深刻。

苏堤就是苏轼任杭州知州时建的。

元祐五年（1090 年），苏轼任杭州知州时，西湖淤泥堆积严重，荒草丛生，湖水干涸。苏轼不忍心百姓受苦，于是向朝廷申请资金，疏浚西湖。但是西湖治理工程开启后，苏轼却发现，湖底的淤泥太多了，根本没地方堆。而且西湖南北长三千多米，光运淤泥就是一项不小的工程。

于是，苏轼想：淤泥何必一定要运出去呢，就地筑堤不是更好？于是他下令用挖出来的淤泥就地堆筑起一道长堤，这样既减少了工程量，降低了成本，也方便了两岸交通。堤上又修了桥，种了花木，才成了今天我们看到的苏堤盛景。

古人说："变则新，不变则腐；变则活，不变则板。"很多时候，困住我们的不是事情本身，而是我们自己的头脑和思维。思维转个弯，很多难题就能迎刃而解。

我曾听过这样一个故事。唐朝的时候，高宗想要巡视洛阳。但当时关中地区闹饥荒，路上盗匪横行，并不太平。他让监察御史魏元忠负责安保工作。魏元忠受命后，居然去监狱找了一个大盗来协助自己完成工作。大盗对路上盘踞的盗匪的手段了如指掌，于是魏元忠总是可以提前避开。高宗车驾到达洛阳时，上万人的队伍竟然一文钱也没损失。魏元忠因此深受高宗信任，一直做到宰相。大盗可以为患，也可以为善，全看你怎么想，怎么用。

　　丘吉尔说："不懂得改变主意的人，什么都改变不了。"思维对了，路才能走得顺。遇到难以逾越的大山，不妨停下脚步。换个方向，换个思路，人生的很多难题往往就能顺利解决。

03

　　苏轼刚被贬到海南的时候，也曾黯然神伤，后来他想开了，说："海南是岛，可往大了看，大陆又何尝不是一座岛呢？既然人人都被困岛上，又何必自伤自叹呢？"

　　仔细想想，确实如此。和大陆比，海南当然是岛；但是和地球比，大陆自然也是岛。大和小是相对的，全看你和什么相比。人的心里一旦有了天地的尺度，再看自己的经历，就会有不一样的想法。

　　苏轼被贬黄州，仕途断绝，人生无望。和朋友在赤壁泛舟时，他说："寄蜉蝣于天地，渺沧海之一粟。"人生百年，置身天地之间，不过就像是蜉蝣的一生一样短暂。至于肉身更是如沧海一粟，渺小到几乎可以忽略不计。拉长时空，把自己的心念放在更大的尺度上，你就会发现再大的事也是小事，一切得失都微不足道，一切悲喜都是浮云。

杨慎因卷入"大礼议"事件被贬云南，穷困潦倒，仕途无望。明世宗在位时共有六次大赦，他都不在其中。按理说，他历经痛苦，应该会自暴自弃。可他却说："古今多少事，都付笑谈中。"青山斜阳依旧在，一切功业却都已烟消云散。既然如此，得与失，成与败，也就没有那么重要了。

《红楼梦》里甄士隐女儿失散，家里失火，家财散尽，人生坠入谷底的时候，遇到疯道人。他说："昨日黄土陇头埋白骨，今宵红绡帐底卧鸳鸯。"

拉长时空看，无常才是人生的真相。人生百年，往远了看，什么东西都留不下，那些挂在心上、惴惴不安的大事也是如此。心灵透彻通达后我们就会明白，人生中迈不过的坎，大多是无关紧要的擦伤。

04

《菜根谭》中讲："苦乐无二境，迷悟非两心，只在一转念间耳。"

　　人生无常，际遇不定，但内心却是我们可以掌控的。我们要学会用乐观豁达的心态面对一切，然后就会懂得，人生中的困境其实是岁月对我们的奖赏。

层次越高的女人，往往越不爱扎堆

你身边有没有这么一种女人，她们总喜欢独来独往，远离人群。开始你以为她们不善言谈或者孤傲高冷，然而深交之后，你会发现事实并非如此。沉默中的她们别有一番天地，她们不仅内心丰盈，而且对人生有着更清醒的认知，对自己有着更高的要求。

诚如庄子所言："独往独来，是谓独有。独有之人，是之谓至贵。"层次越高的女人，往往越不爱扎堆。

01

精神富足的女人，无须扎堆。

雪莱曾说："浅水是喧哗的，深水是沉默的。"那些喜欢扎堆的女人，往往内心贫瘠。所以，她们才需要用热闹来填补内心的空虚，通过合群来获取归属感。精神富足的女人，反而喜欢独处。因为她们深谙真正的归属感并非来自外在的人群，而是源于内心的坚定和自我的认同。

那个被梁羽生称为"奇女子"，活成无数人心中梦想的三毛，就是一个不喜欢扎堆的人。

上学的时候，大家总是三五成群聚在一起侃大山，她却躲在一隅，在书海里徜徉。平时的她总喜欢远离人群，不是一个人在静默思考，就是在写文章。对此，她不但没有感到孤独，反而觉得充实美好。她在书中写道："我避开无事时过分热络的友谊，这使我少些负担和承诺。我不多说无谓的闲言，这使我觉得清畅。"即使结婚后，她最喜欢做的事仍是一个人背着行囊来一场说走就走的旅行，天南地北，纵情遨游于天地之间。于她而言，独处不仅不会感到孤单，反而是一种享受。

才女林徽因也曾吐露：一个人于窗前伏案读书，看着阳光在指尖、字里行间流转，是一天中最美的时光。内心丰盈者，独行也如众。独处，是一个人的清欢，是一场心灵的盛宴。一个人运动、读书、写作，哪怕只是静静发呆，都会让自己感受到极大的幸福与满足。

一位哲学家曾说："一个人精神世界越丰富，那么他对外部事物的需求也就越少，他人对他的意义也就越小。"一般来说，一个女人的精神越富足，离人群也就越远。

02

认知水平高的女人，往往不屑于扎堆。

某著名女企业家曾公开表示：她最讨厌扎堆，也从不参与那些所谓的社交活动。她认为，成功靠的是真本事，而不是钻营人际关系。女编辑 Lidia Yuknavitch 在 TED 演讲中也表示，盲目合群是一种既无聊又无效的社交行为。

生活中，总有那么一些人沉溺于社交活动。他们总以为认识的人越多，路就越好走，殊不知这是一种低认知水平的表现。你认识的人从来不等于你的人脉，认识的人多更不代表人脉广。

费尽心思硬往圈子里挤，很多时候不过是小丑一个。反观那些真正高认知水平的人，他们大多主动远离人群，聚焦自身的成长。因为他们比谁都明白，任何社交都不过是你个人价值的衍生品。没有自我价值的关系，终究一文不值。

　　线上职场教育平台 YouCore 创始人王世民的太太曾分享过自己的一段亲身经历。在读 MBA 期间，她的一位同班同学特别热衷于人情往来，总以为把人际关系维系好了，一切便畅通无阻。这位同学努力跟周围的人打成一片，不错过每一场聚会，把大部分时间花在了社交上。三年下来，这位同学的确认识了很多人，与同学、教授的关系也非常不错。然而，在毕业答辩的时候，这位同学的论文出现了问题，却没有一个人主动帮她。结果，她连毕业答辩都没有通过。

　　与之相反的是，王世民的太太认为提升自己远比钻营关系更靠谱。她心无旁骛，把时间和精力都花在了深耕自己上，她成绩斐然，专业能力过硬。最终，她不但顺利毕业，还有很多企业同时向她伸出了橄榄枝。

　　王世民也曾说："在你的价值有效建立之前，不要浪费精力在圈子上。"低头讨好换不来对方的另眼相看，委曲求全得到的常常是空欢喜一场。你的实力，才是人际关系的硬通货。所以，别再盲目合群，更不必追逐逢迎，提升自己永远比仰望他人更有意义。

03

真正优秀的女人，往往没时间扎堆。

电视剧《功勋》中，屠呦呦看起来十分不通人情世故。她不仅不喜欢凑热闹，甚至有一次领导迎面而来她都浑然未觉。大家调侃道："要是有一天她突然迎面跟你打招呼，说不定还把你吓一跳呢。"看到这一幕，我忍俊不禁又由衷敬佩。一个一心想攻克世界难题、满脑子都是实验数据的人，又哪有时间去经营那些无聊的人际关系？放眼周围，你会发现，心中有梦想的人压根没有时间去扎堆。

中国科学院院士、清华大学教授颜宁，在一个论坛的交流环节时也曾表示："抓大放小，我现在基本上不去参加一些饭局，（自己的）时间压缩得非常厉害。"扎堆大多是那些无所事事之人的消遣，真正有追求的女人每天都活得忙碌而充实。她们有主见、有思想，知道自己想要什么；她们自律、坚定，有自己的节奏与规划，从不随波逐流。对她们而言，每一分每一秒都珍贵无比。与其跟不熟悉的人说着不痛不痒的话，不如读一页书、写一篇论文、做一次实验来得更充实、有意义。

作家李筱懿在刚参加工作的时候，每次下班面对同事们的邀约，她总是拒绝。时间久了，大伙儿都不明白，明明下班了，还有什么事要忙呢。她笑道，她要健身，还要写文章，运营公众号，实在没有时间。正是这份纯粹与坚定，让这群追梦人离自己的目的地越来越近。

平庸的人用热闹填补空虚，优秀的人以独处成就自己。从来没有无缘无故的成功，所谓的梦想成真，也不过是优秀的人把别人用于扎堆的时间，用在了提升自我上。有时候成功的逻辑很简单，那就是，你把时间花在哪儿，你人生的花就开在哪儿。

04

提升自己，从不扎堆开始。

经历得越多，你就会发现，越是优秀的人，越会主动给社交做减法。我们这一生总会遇见形形色色的人，如果把太多人请进我们的生命，只会让我们的生活拥挤不堪，消耗自己为数不多的精力。所有的繁华终会落幕，再多的簇拥也抵不过一个真心的朋友。一个人真正的成熟，往往是从精简圈子开始的。

荣获诺贝尔化学奖，功成名就的居里夫人，极少参加会议和应酬。不仅如此，为了减少外人在家逗留的时间，她甚至在家里只保留了两把座椅。为此，很多人认为居里夫人性格孤僻，不易亲近。事实却是，她不仅有自己的小圈子，还跟爱因斯坦是至交好友。一有空他们就会组织家庭活动，家人在一起玩耍，而她和爱因斯坦会讨论一些学术问题。这段友谊一直持续了 20 多年，直到居里夫人去世。

知乎上有个问题：为什么层次越高的人越不合群？获得最多点赞的回答是，他们不是不合群，而是不再盲目合群。庸者多狐朋狗友，智者常择善而交。真正的朋友之乐，不在于推杯换盏的热闹，而在于那份灵魂同频的默契、无须多言的踏实和信赖感。这一生，知音无须太多，一两个已足够。

我特别喜欢这样一句话："你要留点精力去读书、去运动、去爱自己、去奔赴你想要的生活，不应该把精力浪费在痛苦的社交、你讨厌的人那里。"人的一生终将是一场单人的旅行，孤独之前是迷茫，孤独过后便是成长。

愿你做一个灵魂丰盈、独立自信的女子，不讨好、不迎合，悄悄努力，优雅绽放。悦己者必自成山海，追光者终光芒万丈。

六个思维开关，帮你走出内耗的怪圈

心理学上认为，人的思维方式决定了人的情绪。面对同一件事、同一个问题，不同的人会采用不同的思维方式去看待和处理。习惯采用强势思维的人，会接受现实，改变自己；而习惯采用弱势思维的人，只会陷入无谓的内耗。

我总结了潜藏于人性之中的六种弱势思维，而它们也是一个女人陷入习惯性内耗的原因。希望每一位女性都能借此唤醒自己，积极、正面地生活。

01

第一种是灾难化思维。

你是否有过这样的经历：一与他人意见不合，就觉得自己得罪了人，觉得自己会被孤立、被打压，越想越害怕；一看到孩子考试成绩不如意，就认定他未来没出息，思虑过度，担心他撑不起以后的生活。

生活的一粒尘，落在你的心头，似乎就成了一座山。一点风吹草动就能在你心里掀起滔天巨浪。

真正击垮人的，从来不是事实，而是你头脑里的灾难化思维。那些稀松平常的事本不会带来痛苦，自我放大、自我拉扯引发的内耗，才是痛苦的根源。世间事，没那么容易变好，也没那么容易变坏。

一定要记住，平常心，平常待。当你把脑子里的灾难放大镜拿走，内心才会宁静平和。

02

第二种是攀比思维。

一个人越是与他人对比，越容易觉得自己比别人差，就越容易敏感，同时感到挫败。

你是否看见亲戚挣钱比自己多就心里发急，不断给自己施压；你是否知道别人家孩子的成绩比自己孩子的好，就满面愁容，心烦意乱；你是否听说以前不如自己的同学如今混得风生水起，就感到深深的挫败？经常与他人比较的结果就是你没有改变任何现状，却将自己搞得心神不宁，生活一塌糊涂。

一位作家说："一个人的价值，取决于他能够正确给自己定位，找到自己的位置，而不是和别人比来比去。"对比不会有结果，把目光专注于自身才是转机。

与其羡慕别人拥有的东西，不如凡事向内求索。看清自己的实力，明确自己的目标，不断用行动提升自己，你才会活成自己最想成为的样子。

03

第三种是凹凸镜思维。

一个白板上有一个黑点，其余都是白色。这时候你会看到什么？是黑点，还是其余的白色部分？我想大多数人会看到前者。这就像每个人身上的小缺陷，它只占一个人很小的部分，但它总能轻易引起你的全部注意，甚至让你灰心丧气。

我身边常有这样的人：性格很好，但因相貌平平，总觉得没人会与自己交往，于是一度陷入自卑；思维敏捷，但因做事容易三分钟热度，就一味否定自己，认定自己难成大事。

人为什么会感到痛苦？常常就是因为过度放大了自己的不足，而忽略了自身的优势。白璧微瑕，人无完人。每个人都有优点和缺点，有所短也有所长，有所光亮也有所灰暗。

别对自己的闪光视而不见，也别对自己的缺陷耿耿于怀。当你真正地看清自己、悦纳自己，你才能走出自我贬低的怪圈。

04

第四种是靶子型思维。

小茴去做心理咨询，咨询过程中，咨询师发现她是典型的"靶子型人格"。什么是靶子型人格？就是常把不属于自己的错误归结于自己。

在丈夫照看孩子的过程中，孩子意外摔倒，她感到很自责，认为自己应该亲自看管孩子；同事挨领导骂了，她懊悔自己当初没有伸手帮一把对方……明明毫无根据，她却觉得一切都是自己的罪过；明明事不关己，她却还是在内心扛下责任，任凭自责吞噬自己。

要知道，每个人都有自己的课题。过度负责就是越界，承担太多就是透支自己。我们不需要拯救所有人，更不必以此来自我批判。

做自己该做的事，担自己该担的责。管好自己，少渡他人。这于人是一种尊重，于己则是一种慈悲。

05

第五种是反刍思维。

在现代心理学中，有个名词叫反刍思维，指的是对所烦恼的问题进行反复咀嚼、反复思考。人一旦陷入这种思维，就会深陷负面情绪的泥淖。

工作汇报已经过去一周，你还在不断懊恼：为什么当时不提前准备，不讲得更有逻辑些；领导当时的表情是不是对我很不满？上班路上忘了和同事打招呼，你回到家还不停琢磨对方的态度：他是不是不高兴，是不是在生我的气，为什么他到公司后一直无视我？

别人的每个眼神你都仔细回味，别人的每个表情你都反复探究。那些不值一提的细枝末节在你的脑海中持续发酵，让你精疲力竭。

漫画家几米曾说："不要在一件别扭的事上纠缠太久。纠缠久了，你会烦、会痛、会厌、会累、会伤神、会心碎。"在一件事上过分纠结只会耗干你的精力，内耗只会瓦解你的信念。

凡事不挂在心头，人才不会形容枯槁；心中少些思虑，人才能活得轻松。很多时候，我们不多想了，也就会感到幸福了。

06

第六种是设限型思维。

美国一家报社里，有位新人记者琼斯。一天，上司派他约访大法官布兰代斯。琼斯大吃一惊，连忙拒绝："不行不行，他根本就不认识我。"在他看来自己不过是一个无名小卒，对方根本不可能理他。琼斯一脸失落地对上司说："可以把机会让给更有能力的人，我还是算了吧。"

　　上司瞥了他一眼，拿起电话拨通了对方的电话："你好，我是某报的记者琼斯，我奉命采访布兰代斯法官，不知道他今天能否接见我几分钟？"

　　"他不会答应的！我的能力还不足以采访他。"琼斯惶恐地说。这时，电话那头传出声音："下午一点十五分，请准时到场。"琼斯先前所有的担忧，在这一刻烟消云散。

　　在我们的生活中，不乏像琼斯这样的人：准备写一篇文章，还没开始写就担心发表之后数据不对、效果不佳，迟迟不敢行动；想竞选部门经理，还没开始准备就怕被淘汰、怕被同事笑话，最后不了了之。

　　很多时候令你止步不前的，不是没准备好，而是你的过度忧心。与其千忧万虑，不如以行动来自救。想做的事，现在就去做，让自己行动起来，一切难题都会迎刃而解。

07

　　古罗马哲学家爱比克泰德曾说："人的烦恼并非来源于实际问题，而是来源于看问题的方式。"人们的大部分内耗源于对自己和环境的负面解读。我们要做的是转变思维、接

纳自己。希望所有女性，永远不要陷入习惯性内耗。当你以
积极的眼光看世界，自然能远离内耗，收获美好与安宁。

第二章

情绪管理心法

一

不要做情绪稳定的"假好人"

很多人以为，所谓好的情绪管理就是脾气温和，情绪不会大起大落。但其实，遇事时强行压抑自己的情绪，逼自己稳定下来，往往只会适得其反。没被释放的情绪，就如同藏在体内的一个定时炸弹，你永远不知道，它真正爆发时会有多可怕。先来看三个故事吧。

01

第一个故事源自医学博士罗大伦讲的一个案例。来访者M女士嫁给了一个脾气暴躁、喜欢指责他人的男人。隔三岔五，丈夫就会为一些鸡毛蒜皮的小事，跟她吵得昏天黑地。M女士满腹委屈，痛苦不已。但为了维持家庭稳定，她一直忍气吞声，受再大的委屈都埋在心里，有再多的苦楚也隐忍不言。然而心情可以被压抑，身上的伤痛却无法被掩盖。几年后，原本很健康的她莫名变得骨瘦如柴、脸色发青，整个人憔悴了许多。一检查，她才得知自己已是肾癌晚期。听到医生的诊断时，她差点哭昏了过去。

对于这位女士的遭遇，罗大伦很是痛心，他告诉 M 女士："身体 90% 的病痛和被刻意压制的情绪相关。"很多大病，包括癌症，可能和长期的情感压抑有关。M 女士听后，陷入了深深的懊悔。

02

第二个故事源自余华的小说《我胆小如鼠》。小说的主人公杨高，在父母的教育下从小老实本分、不争不抢。即使别人嘲笑他，他也不会回击。小时候，有孩子挑衅他，朝他脸上吐唾沫，他忍了。等到成年了进厂，同事抢了他的钳工工作，让他去干些打扫卫生的粗活，他也忍了。平日里，同事一个个摸鱼偷懒、上班溜号，他勤勤恳恳，把车间机器擦得锃光瓦亮。但是轮到发奖金、分房时，却没有他的名额，他还是忍了。无论遇到什么事，他总是笑呵呵地回应。

但这样的隐忍，却没有为他换来好人缘。别人反倒觉得他胆小如鼠，可以任人宰割，开始变本加厉地欺负他。终于有一天，杨高突然决定不再隐忍了。在工友又一次殴打他之后，他直接拿了一把刀来，就要朝着工友的脖子砍去。

03

第三个故事是作家苏青的故事。苏青相貌端庄、才华过人，是公认的才女。可这样的人，也曾为了家庭而牺牲自我，隐忍半生。20岁时，苏青弃学结婚。为了成为一个完美的妻子，她整日围着锅碗瓢盆打转，还在五年内连生四胎，就为了能生出一个男孩。即便心有不甘，苏青还是选择了忍让顺从，以"温良恭俭"来要求自己。

可这种做法，并没有获得丈夫一家的认可。丈夫也不把她放在眼里，动不动就对她言辞羞辱，有时候甚至动手打她。但就算如此，苏青也选择默默忍受。直到有一天，苏青偶然发现，原来丈夫早有婚外情。苏青心中愤怒不已。她这才意识到，自己的温和在他们眼里不过是软弱。

醒悟之后，她决定不再忍让。夫家再想打骂她时，她会坚定地予以反击。后来，她还和丈夫开诚布公地谈了一次，随后决定果断离婚，任对方如何挽留也不回头。离婚后，她觉得生活的阴霾一扫而光，整个人都变得更舒畅、更有活力了。于是苏青专注于写作，很快就成了当时家喻户晓的作家。

04

同样是面对生活的不幸，三个人物却有着不同的结局。从他们的故事中，你会发现，一个人对待情绪的态度，往往决定了其生活的幸福度。明明感受到了自己的消极情绪，还一味隐忍，只会让身体和精神双重崩溃。只有像苏青一样，释放出自己的攻击性，我们才能收获身心的自由。

弗洛伊德曾说："未被表达的情绪永远不会消失，它们只是被活埋了，有朝一日会以更丑陋的方式爆发出来。"所以，所谓的情绪稳定其实根本不存在。那些负面的能量只是被压抑在了心底，就像一座沉寂许久的活火山一样，一旦情绪崩盘，就会让你付出更大的代价。成熟的人都允许自己情绪自由。给坏情绪找一个出口，它才会悄悄地从你身上溜走。

日本一家公司为了减轻员工的压力，特地设置了"出气室"。员工如果遇到了烦心事，就可以到这个隐蔽的房间里，对着道具发泄自己的情绪。一段时间之后，神奇的事情发生了。员工的心情明显变好，公司业绩也有了大幅提升。可见，负面情绪并非洪水猛兽。将负面情绪通过恰当的方式表达出来，你才能消除心中的不爽。

作家张德芬曾说："负面情绪的背后，一定藏着生命的奇迹和礼物。"心情糟糕时，不必一味地压抑和掩饰，正视它、接纳它，你才能获得真正的平和，带着满满的勇气，渡过当下的难关。

05

关于如何做到情绪自由，美国情绪管理专家罗伯特·艾伦曾提出了"制怒三部曲"，现在分享给大家。

1. 情绪产生时，找出自己的"地雷"

情绪地雷，是指隐藏在我们内心深处的伤痛，别人一触碰它，你就会感到受伤、委屈，而这些伤痛并不容易被察觉。你可以试着把它写出来，反思自己内在的问题，然后不断调整自己的认知和行为，缝补心灵上的裂隙。这样，你就不会轻易被别人的言行戳痛。提前找到情绪地雷，我们才能跳出由悲伤到无助的恶循环，和自己达成真正的和解。

2. 情绪发出时，识别需求

罗伯特指出，每一次情绪失控的背后，其实都是未被满足的需求。悲伤，是在告诉你，你需要被看见、被理解、被接纳；愤怒，是在告诉你，你的边界和利益可能受到了侵犯；恐惧，是在提醒你，警惕潜在的威胁；抑郁，是在提示你，你已经累到极点了，需要停下来休息。所以当你的情绪崩溃时，不必惊慌，停下来问问自己："我想要什么，我究竟因为哪一点而感到不满？"知道自己缺失了什么，我们才能对症下药，找到办法解决问题。

3. 识别需求后，满足需求

找到情绪失控的根本原因后，接下来就要着眼于如何满足需求。比如被误解时，你可以找一个信得过的人聊一聊，说出你的感受。压力太大时，可以通过听音乐、做运动来宣泄压力。身体太疲惫时，允许自己请两天假，彻底地歇一歇。你应该让情绪像水一样流动起来，缓缓地从你身上排出去。当悲伤被表达、痛苦被安抚，你的心里自然通畅无比。

06

法国心理学家米歇尔·拉里韦曾在《情绪的 81 张面孔》中指出：人类的情绪复杂多样，但没有一种可以称之为绝对的"好"或"坏"。盲目追求平和，你反而会与幸福背道而驰。因为所谓情绪稳定，其实是对自我的一种霸凌。从今天起，不做情绪稳定的大人，而要做一个情绪自由的成年人，允许心情有高低起伏，允许苦乐自然流淌，以更自如自洽的姿态，过更自由自在的生活。

情绪自由，是女性最高级的保养

不知从何时开始，我们总是容易被坏情绪左右，稍有不顺心就会大动肝火。时间一长，再看向镜子时，我们会蓦然一惊：镜子里的自己脸色蜡黄，眼角也生出了几条皱纹，一下像老了十几岁。年纪越大我们越明白，"相由心生"这个词并不是空谈。很多时候，情绪会以一种意想不到的方式，影响我们的长相，甚至人生。

01

某知名主持人在节目中坦言自己曾经面临巨大的工作压力，让她倍感焦虑。她有段时间筹备春晚，既要背主持人的台词，又要准备小品，每天忙得连轴转。到了晚上，她常常辗转反侧，夜不能寐。长期的忧虑，使她迅速衰老，两鬓长出了一撮撮白发，身体也累垮了。

不知你有没有发现，身边容易产生负面情绪的人往往衰老得更快。前段时间，《生命时报》官方微博发表了一篇文章。我国香港中文大学、美国斯坦福大学及多个研究机构的科学家们，开发了一种新型的衰老时钟，用来确定中国成人队列中参与者的生物年龄。

结果发现，吸烟会加速 1.25 年的衰老，而较差的心理变量水平会加速 1.65 年的衰老。这样看来，负面情绪竟比吸烟的危害还要大。都说岁月催人老，殊不知，负面情绪也会使人加速衰老。

《伦敦书评》的主编维尔梅斯曾和一位同事共同负责晚间新闻的专栏。同事能力不足，脾气还特别暴躁。对方常常把工作搞得一塌糊涂，让维尔梅斯收拾烂摊子。她也因此牢骚满腹，时不时就跟对方争吵。时间一长，维尔梅斯也习惯带着负面情绪工作，总会因为一些琐事，跟同事发生争执。

直到有一天，她发现自己特别容易累，爬两层楼就气喘吁吁，工作效率也降低了许多。她的记忆力明显衰退，时常忘记自己第二天要做的事，惹出了不少麻烦。于是，她下定决心，无论如何都不再和那位同事较劲，这才慢慢恢复过来。

朱自清先生曾说："情郁于中，自然要发之于外。"你生的每一道皱纹、每一根白发，都是垃圾情绪种下的毒。坏情绪刚产生时看似对你没多大影响，但积攒到一定程度，就会让你的面容发生极大的变化。要知道，你的情绪很贵，不要浪费在"烂人烂事"上。当你可以理性地驾驭情绪时，心无郁结，眉头舒展，面容看起来自然年轻。

02

毕淑敏曾在文章《相由心生，命由己造》中写道："（整容）医生的手术刀，抵不过天下另外两把快刀……一把刀是时间，时间会冲刷整容的效果……还有一把更尖锐的刀，就是心灵的雕刻。"年纪越大，你越会发现，好的情绪才是保持年轻的关键。

一位 90 多岁的奶奶，身材纤细，长相甚至比很多 60 多岁的人还要年轻。她常跟孙子一起在街边走秀，脸上洋溢着幸福的笑容。有人问她保持年轻的秘诀，她笑着说："因为忙着美丽，所以没时间变老。"平时她会在网上分享自己的快乐，教大家要有一颗积极乐观的心。你看：有的人20岁就早生白发，尽显老态；有的人90岁还热爱生活，照样青春洋溢。

席勒说："心灵开朗的人，面孔也是开朗的。"很多时候，你的心情好了，长相自然也年轻。

比起天价的医美项目、贵妇护肤品，良好的情绪才是真正的养颜良方。倘若一不顺心就发脾气，不仅心情会变得糟糕，人也会受到影响。到头来，看着自己被坏情绪攻击过的面貌，我们只能感叹：岁月催人老。倒不如把情绪关进"黑屋子"里，自己牢牢占据主动权。

白先勇的小说集《台北人》中，有一篇小说的女主角名叫尹雪艳。别人都说她是"总也不老"。无论人事如何变迁，她仿佛一直都保持着那个样子，一条皱纹都不长。这得益于她稳定的情绪。每当她身边的太太们发牢骚的时候，她就在一旁听，关键时刻才发言，把她们焦躁的脾气抚平。有人妒忌她貌美，偷偷在背后诋毁她，她也毫不在意。她从不让自己的情绪停留在这些"烂人烂事"上。

清代《养真集》里有一句话："神仙无别法，只生欢喜不生愁。"人这一生，不如意的事情十之八九，与其被坏情绪牵着鼻子走，不如多一分包容，少一分计较。你对生活和颜悦色，生活也会对你温柔以待。当情绪变好了，你便不惧岁月流逝，人也能越活越年轻。

03

美国著名心理学家安东尼·罗宾斯说过："成功的秘诀就在于懂得怎样控制痛苦与快乐这股力量，而不为这股力量所反制。"被情绪控制的人，人生也会失控。越优秀的人，越不容易情绪化。而掌控情绪，其实很简单。

从现在开始，每天坚持运动30分钟。你有没有发现，身边那些爱运动的人通常整日精神百倍；原本消极厌世的人，跑了半个月的步，整个人会容光焕发？你所有想要的样子，都能靠自己雕刻出来。你每天只需要花半小时在公园里慢跑。如果不想外出运动，你也可以在家做做瑜伽，总之，要让自己动起来。当你开始运动，垃圾情绪会随着汗水排出体外，身上的暮气会被甩掉，气色也会好起来。

你还可以写感恩日记。研究表明，压力和感恩这两种感受不可能同时占据我们的大脑。也就是说，如果我们心怀感恩，就不会因压力太大而感到消极。每天睡前，写下你的感恩日记。比如感恩今天早起了半小时，感恩一切顺利，感恩天气很好……也可以主动表达你的感激之情，给父母一个拥抱，给同事一个微笑，给自己营造一个有爱的环境。当你以感恩之心对待一切，你的心情会悄然发生改变，岁月也会眷顾你。

在一档综艺节目中，康辉曾说起自己对"年轻"的看法。他表示，长相年轻不是因为穿着打扮，而是自己从不把事放在心上，始终保持乐观。路宽不如心宽，命好不如心好。平时该忘的忘、该放的放。好情绪，才是一个人保持年轻的秘诀。

七个黄金法则，终结女性的情绪内耗

尼采认为，如果情绪总是处于失控状态，人就会被感情牵着鼻子走，丧失自由。谁都会有情绪，但太过放纵情绪，往往会造成无法挽回的结果。

学会情绪管理，不做情绪的奴隶，是每个女人的必修课。以下是七个常用的情绪管理法则，愿你无论境遇如何，都能掌控自己的情绪，平静从容。

01

第一个法则是接纳情绪。

你要承认自己是个有情绪的人，同时也要承认别人的情绪。在生活中，越来越多的人告诉你，要"情绪静音"，要"做一个不动声色的大人"。火气上头，你得收着；伤心难过，你得藏着。仿佛你的情绪一旦发作，就意味着失控；愤怒一旦表达出来，就意味着脾气不好。但事实真的如此吗？

同样是被人当街挑衅：有人强忍着不露声色，但半夜里会辗转反侧，越想越气；有人承认自己很生气，进而分析生气的原因，从而化解情绪。

一位知名辩手也曾说："人最重要的是情绪管理，你要相信，没有任何一种情绪是不应该出现的。"

对每个女人而言，学着接纳自己的情绪才是管理情绪的第一步。压抑情绪，只会被情绪控制。承认它、接受它，你才能在此基础上找到问题的根源，找到解决方案。只有这样，你才能与情绪和平共处，才不会被负面情绪反噬。

02

第二个法则是管理期待。

一位博主分享过一个故事。一次，他和朋友在商场里玩"幸运盒子"抽奖，其中特等奖是一部新款手机。博主认为抽中特等奖的概率太小，没抱什么期待，可朋友却觉得自己能中特等奖。

结果两人都抽到了一把伞。博主觉得自己很幸运，但朋友却在接下来的聊天中一直唠叨这件事，全然没了游玩的兴致。

博主感叹道："生活中，我们真的不能有过高的期待，期待越高，失望通常越多。"

这世间，有太多我们控制不了的事。再完美的方案也会存在纰漏，再万全的准备也抵不住意外突袭。如果你总是期望达到100分，那么达到99分你也不会开心；如果你的期待值是0分，那么即便达到1分也是意外之喜。

降低期待不是不重视结果，而是在拼尽全力后接受结果。只有这样，我们的心情才不会大起大落，整个人才能平和安定、自在通达。

03

第三个法则是摒弃巨婴思维。

一位作家曾说："所谓巨婴，就是熟透的身体，幼稚的心理。"巨婴常常一点就炸，只知强调个人需求，而罔顾环境和规则。他们吃不了一点苦，受不了一点委屈，遇事从不自己解决，只会求别人帮助。如果别人不伸以援手，他们就会满腹牢骚、怨天怨地，肆意发泄心中的怒火。他们凡事以自我为中心，出了问题都是别人的错，总是抱怨吐槽，惹人厌烦。

巨婴思维会造成人生中 90% 的痛与累。总把自己当婴儿，世界会抛弃你，生活也会欺负你。

只有戒掉巨婴思维，摒弃以自我为中心的想法，他人才会给予你足够的尊重。丢掉依赖的"拐杖"，学会独立思考问题，你才能独自撑起生活。遇事不回避，遇难不抱怨。调整心态，稳定情绪，走自己的路，担自己的责。当你练就了成熟的心智，你自然能从容应对情绪、应对生活。

04

第四个法则是建立边界感。

白岩松说："人之所以活得很累，并非生活刻薄，而是太容易被别人的情绪左右。"朋友向你倾诉，你立马感同身受，听完比她还难受；给同事发微信，对方没及时回复，你就开始苦恼：我是不是说错话了，是不是惹他不开心了？可当你将别人的喜怒哀乐看得比自己的还重时，你早晚会被情绪所控制。

心理学上讲，每个人都有自己的心理边界，就像护城河，将自己与他人区分开。边界模糊的人会不自觉地接收别人的情绪，为别人的负能量买单。边界清晰的人会明白每个人都有情绪，且情绪只与自己有关。与其耗费大量精力消化别人的情绪，不如守好自己的情绪边界，屏蔽那些只会激发你焦躁情绪的人和事。不过度负担、不无限纠缠，保护好自己的情绪边界，你才能过好自己的生活。

05

第五个法则是与自己对话。

德国心理学家威廉·冯特曾做过一项实验，结果发现：一个满脸愁容的人将烦心事写下来后，沮丧的情绪会得到大幅缓解。文字能治愈人心。撰写文字的过程，就是梳理情绪的过程。

史铁生20多岁时双腿瘫痪了。刚开始时，他整日浑浑噩噩，哀叹命运不公。后来，他开始用文字记录自己的经历。在字里行间、在与自己的对话中，他再次找到了生活的乐趣。

作家王小麦说："写作是一种自我疗愈的行为，它能治愈心灵，也能拓展生命。"心烦意乱时，不如坐下来写作，当杂乱的思绪变得清晰，苦恼也会逐渐消散。伤心难过时，不妨把各种小情绪宣泄到纸上，当积压已久的情绪有了出口，它才不会在你的心底盘旋。你只需给自己一点时间和空间，日记本、备忘录都能成为你情绪宣泄的渠道。当你把所有坏情绪都表达出来，内心自然变得轻盈自在。

06

第六个法则是学会放下。

知乎上曾有人提问：一个每天都过得很快乐的人有什么特征？其中一个高赞回答只有两个字：善忘。生活总有不如意，谁都有痛苦纠结的时候：可能是事业不顺，可能是家庭关系紧张，也可能是遭遇了不可挽回的伤痛……

可即便如此，人生还在继续，我们还是要马不停蹄地赶路。若把所有的烦恼伤痛都记在心里，挂在身上，它便如同背篓里的小石子，只会越捡越多、越装越沉。

一位明朝医学家说："物来顺应，事过心宁，可以延年。"事无大小，你若在意就会痛苦，你若放下就会豁达。凡是令你不开心的，该忘就忘、该放就放。当你不在情绪的旋涡里停留，情绪才无法将你淹没。当你放过了自己，生活的主动权也会重新回到你手中。

07

第七个法则是储蓄快乐。

一位作家曾说："你永远无法预测明天会发生什么，你唯一能做的，就是有意或者无意地给人生埋一些'彩蛋'。"人这一生，祸福得失全然无法预料。既然有些烦闷失落无法避免，不如给自己提前备好快乐。

在笔记本上记录每天的"小确幸"，心情不好时，就翻开看看。提前为自己准备一份礼物，情绪低落时，就去打开它。当你拥有了给自己准备快乐的能力，你也就拥有了消沉时重新振作的底气。快乐是治愈负面情绪的一剂良药。生活太苦的时候，记得给自己加点糖。学会给自己储蓄快乐，那些你不经意埋下的"彩蛋"都可能在将来成为你的救赎。

08

产生情绪是本能，控制情绪才是本事。不要随意发火，不要盲目生气。当你学会与情绪和谐共处，你才有精力面对世事的"刁难"，追求更有意义的人生。做情绪的主人，生活才会对你温柔以待。

女性 80% 的情绪问题，是因为不会发脾气

你有没有过这样的经历？工作中自己对别人有求必应，但自己需要帮忙时却无人伸出援手，你心里憋了一团火，却敢怒不敢言；你常常为家里的"鸡毛蒜皮"忙得焦头烂额、满腹怨气，却又无处宣泄；与人相处，哪怕被人侵犯底线，你也假装大气，不愿与对方发生冲突。

很多时候，我们习惯隐藏情绪，尤其是女性，总以为再大的委屈，忍一忍就过去了，再大的怒气，时间久了也能慢慢平息。可压抑情绪不仅不能解决问题，反而会加剧内心的不甘，让我们心力交瘁。

知名心理学家劳伦斯·豪威尔斯认为，情绪问题不足身心疾病，而是处理情绪的方式存在问题。很多人活得疲惫，往往是因为盲目对抗情绪，导致自身遭到了反噬。你以为忍一时风平浪静，殊不知，咽下的情绪就像河道的淤泥，日积

月累，迟早会堵塞内心。每个人都有情绪，但并不是每个人都有和情绪相处的能力。

01

网上曾有一个投票：难过时，你通常会向他人宣泄，还是自己憋着？绝大多数人选择了后者。

人们总是习惯克制负面情绪，觉得它是不好的、丢人的。但其实负面情绪并非我们所想的那样消极。譬如，愤怒会激发我们潜在的力量，让我们夺回本属于自己的权利；恐惧能让我们识别潜在的威胁，提前给大脑"预警"。如果过度压抑自己的感受，情绪反而会在重压之下亮起红灯。

《情绪说明书》一书里讲述了"工作狂"梅茜的故事。梅茜所在的公司，刚好有一个晋升名额空缺。作为公司骨干的她，本以为这次晋升势在必得。可没想到，这个升职机会竟然被一个后辈捷足先登了。

梅茜不明白，心想自己工作这么多年，勤勤恳恳，没有功劳也有苦劳，领导凭什么把晋升名额给一个资历远远不如自己的年轻人？她越想越气，但碍于情面，不敢和领导当面对峙，只能把怨气咽回肚子里。时间久了，梅茜深感挫败，她觉得领导和同事都看不起自己。她开始抗拒上班，工作屡屡出错，甚至出现了抑郁症状。

在现实生活里，很多人像梅茜一样，遭遇不公时，宁愿藏起一腔怨愤，也不愿与人起正面冲突。可无法排解的情绪，就像心里的毒瘤，越想压抑克制，越是在暗中滋长。

心理学上有个"情绪陷阱"的概念，说的是当一个人过于萎靡时，会放大消极的想法，从此更加一蹶不振，掉入情绪的陷阱中。

一个人最内耗的活法，就是刻意回避内心最真实的想法，把情绪都关进笼子里。那些咽下的委屈、隐忍的苦衷，终有一天会形成巨大的黑洞，蚕食掉你的所有幸福。

02

在《情绪说明书》里，作者还提到了自己遇到的一位女士妮可拉。妮可拉对工作的要求很高，每当同事"摸鱼"偷懒，只剩她在干活时，她都会愤愤不平，觉得压力陡增。但她不好意思朝大家发火，只能埋头完成所有任务。下班后，妮可拉把怒火发泄到家人身上，工作上稍有不顺心，她就会尖叫，甚至是砸门。丈夫受不了妮可拉的暴躁，想要离婚。

于是，妮可拉只能克制怒火，尽量扮演一个情绪稳定的好妈妈，照顾孩子饮食起居，接送他们上下学。可她心里无时无刻不因为生活的鸡零狗碎，备受煎熬。渐渐地，妮可拉越来越抑郁。她整天拉着张"苦瓜脸"，觉得大家都在压榨自己，家庭和同事关系处得一团糟。一味忍气吞声，不仅没有减少她的困扰，反而让她的内耗更加严重。

在很多人的认知里，不发脾气能避免很多问题。但实际上，隐藏情绪，愤怒感依然存在，最初的问题也没有解决。那些忍下去的情绪就像无数支暗箭，时间久了，就会把内心扎得千疮百孔。美国心理学家托马斯·摩尔曾说："你要理解你的愤怒，最终才能触及它的核心。"学会直面情绪、排解情绪，你才不至于让自己陷入痛苦的泥淖。

看过一句话："每一次情感宣泄都是深刻的自我疗愈。"人的承受力是有限的，一颗装满愤懑和不甘的心就像装满沸水的锅，越想把锅盖压实，它就越被水汽顶得叮当响。与其把感受藏着掖着，不如诚实袒露内心。说出委屈和不甘，让他人明白你的所思所想；拒绝不合理的请求，向他人彰显你的边界。给情绪一个出口，不让它在胸中泛滥和郁结，你才能养好心情，过上舒坦人生。

03

心理治疗师丹·西格尔（Dan Siegel）曾提出过一个心理学概念：情绪忍耐之窗。正常情况下，我们的情绪会在"忍耐之窗"内起伏波动，但当忍耐到达极限，情绪会变得强烈，将直接穿过"窗户"，以排山倒海之势，席卷我们的大脑。

耶鲁大学心理学教授苏珊说："我们是情绪的主人，当我们的智慧和内在感受相协调，所做出的行为与价值观一致，我们才能克服情绪，修炼成为更好的自己。"

如果你也被情绪问题所困扰，想活得轻松自洽，我从一本管理情绪的图书中提炼出三点建议，希望对你有所帮助。

1. 警惕爬虫脑，别丧失理性

美国神经科学家保罗·麦克莱恩（Paul D. MacLean）在 20 世纪提出了"三位一体脑理论（The Triune Brain

Theory）"，他把人脑分成三部分：爬虫脑（又称蜥蜴脑）、哺乳脑和新脑（即新皮层）。

其中，恐惧、饥饿等本能反应，是由爬虫脑驱动的。而思考、判断、决策等理性思维，则是由新脑掌管的高级功能。强烈的情绪冲动，可能会激活爬虫脑，让新脑被迫"下线"。

在这样的情况下，人很容易被本能牵着鼻子走，做出追悔莫及的事。所以，当你愤怒时，不要放任消极情绪蔓延，更不要试图和它对抗。可以先暂缓一下，比如深呼吸几秒，让内心充分放松，或者外出散散步，转移注意力。当新脑回归，你会拥有更清晰的视角，去梳理情绪、解决问题。

2. 跳出"管状视野"，不钻牛角尖

回想一下，生气时，你是否会反复咀嚼那些让你恼火的细节，无暇顾及其他？当我们只盯着眼前的细枝末节不放，就很容易胡思乱想，在过度思虑中走向"破防"。很多时候，事实本身并不复杂，而是我们自己夸大了事实真相，才陷入内耗之中。冷静下来，重新判断在引发自己的情绪的事件中哪些是实际发生的，哪些是自己的想象，方能避免患得

患失。

比如，被孩子的哭闹扰得心烦意乱时，你要认识到孩子是因为年幼无知才这样的，而不是故意和你作对；比如，同事拒绝你的求助，可能是对方正忙，并不是有意忽视你；比如，伴侣粗心大意惹你生气，可能是他在某些方面比较迟钝，并不是想要激怒你。

恰如金庸所说："生活里，总有无数纷乱的事情，倘若心中千千结，只会迷乱方向。"把灾难放大镜丢掉，你才不会被内心积压的情绪拽入深渊。

3. 提升反击魄力，不压抑感受

绝大多数人在愤怒时不是隐忍就是爆发。提升反击魄力，也是应对愤怒的方法之一。

它需要我们在爆发和克制中找到平衡点，勇敢地表达内心的感受。当愤怒汹涌而来，最好的应对办法不是冲动发泄，也不是委曲求全，而是给情绪一段缓冲时间后，清醒地表达态度，坚决地捍卫权益。

所以，如果你觉得遭遇不公，不妨捋顺事实后，勇敢亮出锋芒。当你强硬起来，你会发现，那些曾因你软弱而欺负你的人将对你和颜悦色。

04

喜怒哀惧都有各自的意义。永远记住，好的情绪管理不是无条件地忍耐，而是有原则地流露。亮出锋芒，别人才会尊重你的底线；有了棱角，别人才会照顾你的感受。利用好情绪的能量，为自己打造一副铠甲，你将一步步走出内耗的死循环，在变幻莫测的世界活得游刃有余。

整理房间，其实是在整理你的内心

　　你有没有过这种经历：推开家门，看着沙发上乱堆的衣服，茶几上七零八落的小物件，忽然气不打一处来；在乱糟糟的屋里，没地方坐、没地方站，难以静下心来读书学习；而当你下决心清理一番，彻底把家打扫干净后，心情瞬间好起来，沉闷的生活仿佛一下子被透过窗户照进来的阳光打亮。

　　房间，像一面镜子，能照出我们内心的模样。扫灰除尘的过程是打理心情的过程，也是治愈精神内耗的一剂良药。

01

　　《扫除力》一书中指出：房间，最能反映一个人的精气神。它不仅是我们吃饭睡觉的地方，更是安放心灵的角落。

哈佛商学院的一项研究显示：幸福感强的人，往往居家环境十分整洁；而生活失控的人，通常生活在凌乱肮脏的环境中。

有位女士和丈夫都是购物狂，每天回家的路上总会顺手买点东西回去。久而久之，他们的房子像仓库一样，堆满了用不上的杂物。待在家里，夫妻俩像被围剿的猎物，行动受限、心情烦躁。很多时候，早上急匆匆出门，他们连一件干净衣服都找不到。邋里邋遢的生活令他们陷入自责与焦虑，完全没有精力好好工作。麻烦事频频找上门，他们的心情越来越差，压力越来越大。

无奈之下，他们请了收纳师来帮他们彻底把杂物归纳妥当。整理好的房间，让人眼前一亮，他们才骤然明白：干净，也是一种治愈。收纳师说："扔掉一件无用物，就多一点空间；扔掉一件多余物，就少一份负担；扔掉一件废物，就恢复一丝清爽。"

心理学上有一个"空间吸引力法则"。房间乱，人的心也会乱，心一乱，人就更不想打扫房间了。这种恶性循环会让人陷入精神内耗不能自拔。脏乱的房间仿佛生活里的一个窟窿，储满灰尘，令人窒息。它所释放出的负能量也像黑洞一般，消耗人的精气神。在这样的环境里，人的内心是无法安宁的。

02

有社会学家指出：做清洁会给人提供目标，做一点可控的小事可以让人暂时从压力中抽身。很多时候人们迷茫焦虑是因为对生活失控，而打扫屋子能让人获得一种掌控感。在不确定的生活里，做清洁带来的"确定"是化解精神内耗的良药。

细致地清理灰尘，耐心地归置物品，收纳好换季衣物，行动会为你纷乱的思绪按下暂停键；在一尘不染的屋子里，喝茶、看书、听音乐，你将在身心放松中暂时忘却外界的烦恼。当居住环境焕然一新，你的心情自然也亮堂起来。

作家梭罗曾远离闹市，独居于瓦尔登湖畔的小木屋。他每天都要将木屋整理一番。倒掉炉子里的灰，码好要烧的柴，擦干净桌椅板凳，连门前泥泞的小路，他都要清扫一遍。洒扫的过程中，梭罗心无旁骛。他虽然消耗了体力和时间，却收获了内心的平静安然。

他说："我愿意深深地扎入生活，吮尽生活的骨髓，过得扎实、简单，把一切不属于生活的内容剔除得干净利落……"别小瞧打扫房间这件小事，它蕴含的可是"扫除力"的生活哲学。

当你陷入苦恼、对眼前的处境一筹莫展的时候，就去打扫房间吧。收拾家，就是收拾过去的自己，也是在规划未来的生活。

03

我一直很认可《断舍离》中的一句话："断舍离并不是单纯地处理杂物、抛弃废物，而是在充满闭塞感的人生长河里唤醒'流通'的生命气息。"

人容易受环境影响，我们居住的房间，是生活里与我们最息息相关的环境。只有住得舒适，人才能提起精神、鼓足干劲，好好生活。

美国作家塔拉·韦斯特弗从小在贫民窟中长大。父母经营着一处废料场，家中也堆满废品杂物。在她的记忆里，一家人活得像垃圾箱里的老鼠，脏兮兮、臭烘烘，满身戾气又忐忑不安。她时常抱怨命运不公，变得极其敏感，总是心事重重。后来，塔拉靠读书离开了这个家，住进了学校宿舍。她学着同学的样子把宿舍整理好，才终于可以安下心来读书学习。

一位知名的整理师每到年底都会拿出几天时间进行沉浸式大扫除。打扫完毕，她会躺在沙发上欣赏自己的杰作，此时她的心情像干净的窗户一样明亮，对新的一年也充满了希望。她在社交平台上，分享了收拾家务的四个思路。

1. 空间：从卧室到厕所

一般打扫房间的路线是卧室—客厅—阳台—杂物间—厨房—厕所。

2. 位置：从桌上到地面

首先，收拾书桌、化妆台等地方的物品，与此同时，将桌面清洁干净；其次，将地面的物品进行整理归类。

3. 工具：从扫帚到拖把

先将地面用扫帚打扫一遍，将明显的垃圾打扫干净，再用拖把打扫一到两遍，地面将洁净如新。

4．清洗物品

这里的物品包括衣物以及需要清洗的杯子、摆件等。

房屋的清理从卧室开始，然后是客厅、阳台、杂物间……每间屋子，她都会进行地毯式打扫，上到桌面上的杂物，下到地板缝的死角都不放过。她说："不仅是年底，心情不好的时候，这样大干一场，心情会立马变好。"

我们常说，一屋不扫何以扫天下。工作上的烦恼、生活中的压力和内心的迷茫时常把我们拽入"想太多"的旋涡。这时为自己找点具体的事做，例如打扫房间这种具体的小事，就能迅速止住我们纷乱的思绪。当房间恢复整洁，人也会回到积极的状态中。

04

三毛刚到撒哈拉时，租到的房子脏乱不堪。背井离乡的她本就心情不好，这间屋子更是令她郁闷至极。随后，她花了整整一个月的时间，把房子打扫装饰了一番。有人来做客，直呼这是"最美丽的沙漠之家"。之后，三毛才得以全身心地投入写作，完成了《撒哈拉的故事》。

作家舛田光洋写过一句话："你的人生，其实就像你自己的房间。"房间，不仅承载着我们的生活，更是我们精神世界的避风港。给房间来一场大扫除吧，洗净生活里的灰尘，清空烦乱的思绪。在整洁的房间里，我们能够更好地告别精神内耗，以爽朗的心情，迎接新生活。

女性治愈内耗最好的方式：读书、运动、赚钱

不知道从何时起，我们好像进入了一个人人内耗的时代。内耗，成了对现代人的酷刑。无论是同学聚会，还是公司团建，聊着聊着大家就开始互相吐苦水。无论外表多么光鲜亮丽的人，深入了解后，你就会发现大家常有着巨大的焦虑和不安。

微博话题"停止内耗的 9 个建议"浏览量高达 6.5 亿，很多人试图在网络上找到一条内耗的解脱之道。但实际上，答案不在外界，而在自己。能让你从内耗的泥沼中抽身的，只有不断强大的自己。

01

情绪不好时，你会怎么排解心中的烦忧？

某作家在感到烦恼时，第一反应常常不是陷入思虑，也不是去发泄情绪，而是静下心来读书。她说，无数次情绪低落的时刻，都是因为有书籍的陪伴，她才重新振作起来。书籍给了她冷静思考的力量，帮助她走出生活中所遇到的困境和挫折。

无论是驱赶迷茫，还是摆脱浮躁，读书都是最实用的方法之一。被压力包裹的我们，烦恼常有、困顿常有，不知道如何解决难题时，不妨随手翻开一本书。

某知名主持人曾自曝，自己有过一段灰暗的时光。婚姻的不顺、工作的坎坷，让她陷入巨大的精神危机。她开始失眠、神经衰弱，甚至一度有过轻生的念头。

"你遇到的这一切，百千年前的人们也同样遭遇过。你内心的纠结和苦痛都能在书里找到出口。"绝望之时，父亲的话点醒了她。

于是，她去书中寻找生活的解药。两年时间，她读了近百本古今中外的经典著作，在书里她看到很多从工作与婚姻困境中走出来的人。她也因此获得面对生活的勇气，心境变得开阔，身体也好起来了。

生活总是一个麻烦接着一个麻烦，我们时常会猝不及防地走进一个又一个未知的、狭窄的胡同。困在其中时，别慌张、别沮丧、别逃避，去和书籍对话吧。

当你在工作上陷入瓶颈时，你可以读一些职场、心理类的图书，或许你能在其中找到自己的问题所在；当你对"内卷"的环境感到无奈时，你不妨走进童话、艺术的世界，让自己从功利化社会中抽离出来；当你面对艰难的抉择，感到迷茫时，你可以读一些历史书或名人传记，看看古往今来的文人雅士是如何做选择的。

你也可以无目的地去阅读，让书本带领你自由探索。相信总有一本书，能帮你走出生活的迷宫，走出眼前的困境，走向更好的自己。

02

你有没有发现，身边那些爱运动的女性很少陷入情绪低谷。她们遇到困难与挑战也总是乐呵呵地说："小事一桩，我能搞定。"

当你每天拖着亚健康的身体，为工作和家里的事情愁得吃不好、睡不着时，整个人就会陷入内耗。很多时候，让我们陷入僵局的不是生活，而是我们的生活方式。长期懒散，身体不动，活力就会慢慢丧失，各种负面情绪也会找上门来。

《赶走坏情绪》一书中讲过一个故事。主人公刘源，白天工作"混日子"，晚上熬夜打游戏，平时拒绝一切社交。这样的状态他持续了很久，他感觉自己每天过得浑浑噩噩，整个人"丧"到了极点。后来，朋友看他状态不对，建议他去健身房锻炼。

刚开始，他把健身当成任务，实在不想动弹时也逼着自己硬着头皮去健身房打卡。渐渐地，他爱上了运动后大汗淋漓的感觉，运动让他重新快乐起来了。几个月后，他整个人也自信了起来，工作干劲十足，对生活也充满期待。

有人说，所有的内耗都是因为想得太多、动得太少。确实如此，运动是治愈内耗的良药。

某大学曾对 400 多名大学生进行测试，结果显示：爱运动人群的情绪、自我效能感和心理健康水平均比非运动人群要高。身体动了起来，能量得到了补充，你就又能充满活力，然后朝气蓬勃地去生活。

当然，你也不一定要去健身房。每天花点时间在小区快走或者慢跑也是很好的运动方式。即使不去跑步，在家里你也可以练练瑜伽，或者跟着一些运动视频的指导跳跳操。最重要的是，迈开腿、动起来。坚持 21 天，你自然而然就能养成运动的习惯。

当你开始运动，大部分情绪垃圾会随着汗水排出体外。慢慢地，你又能重新掌控自己的生活，精力饱满地对抗生活的"刁难"。

03

你在什么时候最有危机感？

有人说，是孩子刚出生，一笔笔开销像流水一样花出去的时候；有人说，是听说公司要裁员，而自己还背着高额的房贷车贷的时候；有人说，是父母年纪大了，躺在医院，自己四处低声下气借钱筹手术费的时候……

你看，生活中大多数内耗可以归结为两个字：没钱。没钱时，菜买贵了几块钱，衣服多买了一件，你都会懊悔浪费钱了。没钱时，遇到好的工作机会，你不敢跳槽，错过了又一次次地责备自己无用。

人在穷的时候很难有松弛感，有的通常是无数个失眠的夜晚和在看不见的角落无声地崩溃。兜里没钱，生活往往只是生存，只有一地鸡毛。

一位演员在一次采访中说自己平时会努力工作赚钱，然后给自己建立了一个"去你的"基金。有了这笔基金，当遇到消耗自己的人和事，她便可以随时有底气地说："姐有钱，去你的吧。"

正如作家毛姆在《人性的枷锁》中写的那样："艺术家要求的并不是财富本身，而是足以给他提供保障的钱财，那样他就可以维持个人尊严，工作不受阻碍，做个慷慨、直率、独立自主的人。"

我知道赚钱很累，但你若不自渡，他人爱莫能助。从今天起，不断提升自己的赚钱能力。心可以碎，手不能停，没事少矫情，有空多赚钱。大胆尝试，去找到自己的优势，提升自己的技能，把自己打造成"吸金体质"。很多时候当你赚到钱了，内耗自然也就消失了。

04

什么是好的生活？

知乎上有一个高赞回答："一定是充满热情，而不是死气沉沉；一定是淡定从容，而不是如坐针毡；一定是走上坡路，而不是走下坡路；一定是能够细水长流，而不是惊鸿一瞥。"

接下来的日子里，静下心来读书，迈开腿去运动，戒掉矫情去赚钱；停止内耗，向上生长，一步步走向理想的生活。

女性变强的第一步：杀死敏感的自己

知名心理咨询师大岛信赖曾经做过一项调查。她在做咨询的过程中，遇到过一些非常出色的女性，但这些女性并没有取得任何事业上的成功。

为什么她们拥有出众的能力、过人的头脑，却依然没有出人头地呢？在做了大量的调查后，大岛信赖分析得出原因：她们太过敏感了。她们经常因为别人无心的一句话而陷入负面情绪，所以错失了很多机会。

对所有女性来说，变强的第一步就是让敏感的神经变麻木。让敏感的神经变麻木，并非要变得冷漠无情，而是让自己变得坚不可摧。

01

有位职场博主曾经分享过一段个人经历。

有一次，她因为一件小事被领导严厉批评了。领导的言语特别刻薄。那一刻，她感到五雷轰顶，整个人委屈又难过。但回到家，冷静下来后，她意识到领导虽然说话难听，但指出的问题确实存在。而且领导对大多数人就是如此，并非有意针对自己。于是，她把领导的情绪和意见分开对待，欣然接纳了意见，改掉了自己在工作中存在的问题。正因如此，她的能力在一次次批评改进中，迅速提升。

一位收藏家说过："你在社会上混，敏感不重要，钝感重要。别人批评你一句，你就寻死觅活的，那肯定不行。"你会发现，那些走得稳、走得远的人，往往是精于业务而钝于情绪的人。凡事别往心里去，心态上要脱敏，皮实一点。丢掉你的羞耻心，提升你的专业能力，这会让你的事业变得更顺。

一位知名媒体人早期曾在阿里巴巴做电话销售。最初的时候，她打电话经常被客户拒绝。有一次，有位客户直接在电话里发飙说："小姑娘你不要跟我讲，你什么都不懂，我为什么要听你讲？"说完，对方啪的一声就挂断了电话。

那一刻，她感到特别委屈，泪水在眼眶里打转，感觉整个世界都变得一片灰暗。但她心里也很清楚，委屈解决不了问题。于是，她立马回拨电话给客户，诚恳地说道：

"说实话，您是我的第一个客户，我不知道您还能不能想起成交第一个客户是什么样的情形。您是我的偶像，我希望到您的年纪，能够和您一样成功。您能不能给我讲讲您成功的故事？"

这番话触动了客户，他们聊了两个多小时，他也成了她的第一位客户。就是在这样一次次的成长中，她最终成为阿里巴巴组织发展专家。

莫言在《檀香刑》一书中写道："一个人越是成功，他所遭受的委屈也越多。要使自己的生命获得价值和炫彩，就不能太在乎委屈，不能让它们揪紧你的心灵、扰乱你的生活。"

这世上没有天生坚强的人，他们不过是把自身柔软处在生活不平的地方磨成了茧。能咽下委屈，脸皮厚、筋骨强、心气足，这样的人就是生活的强者。

02

之前看过一个故事。有位年轻人，毕业十来年后，眼看同学们混得风生水起，他却一事无成，心中非常不解，于是去找大学教授解惑。

教授问他："这些年你做过什么？"

年轻人回答说："刚毕业那年，我喜欢画画，但有人说我画画没天赋，我就放弃了；之后销售行业爆火，但又有人质疑我上大学难道就是为了去卖东西，我又没干下去。"教授听完，叹了口气说："你总是活在别人的嘴里，怎么可能活得精彩？"

人生在世，被他人评价在所难免。一个人面对外界评价的态度有时候直接决定了他的成败。有人陷在他人的评价里，一辈子走不出来；也有人不在意他人的看法，活出了自己的精彩。

1970年，14岁的周梅森一边在矿场干活，一边立志成为巴尔扎克那样的作家。周围的人都觉得他不知天高地厚，纷纷嘲笑他："就你，还想当作家？别做梦了。"

面对周围人的嘲讽，周梅森不为所动，坚持创作。终于，1978 年他成功在《新华日报》的《新潮》副刊上发表了处女作，正式踏上作家之路。

2017 年，随着电视剧《人民的名义》热播，作者兼编剧的周梅森也一夜爆红。从一个普通的矿工，到享誉全国的作家，正是因为周梅森不在意别人的评价，最终摆脱了命运的束缚。

很多时候，打败我们的往往不是实际的困难，而是外界的声音。就像《愿你拥有被爱照亮的生命》一书中所说："假如你是一棵树，别人对你的态度就是一阵又一阵的风。如果你很在意别人的意见，那意味着，随便一阵风，都会把你剧烈摇动，甚至将你吹倒。"

一个人一旦不去在意外界的评价，就会强得可怕。专注自身的成长，不要因他人的评价内耗自己。选择性屏蔽他人的评价，保持自己的初心，才能走得更远。

03

斯坦福大学心理学教授卡罗尔·德韦克把人的思维模式分为两种：一种是固定型，另一种是成长型。固定型思维模式的人自尊心太强，听不得难听的话，当完成不了超出能力范围的事情时，他们会消耗自身的能量，错过成长的机会。成长型思维模式的人不太在乎自己的脸面，把一切都当作成长的养料。

那些太过玻璃心的人，注定只能趴在地上吃玻璃碴子；而那些皮糙肉厚的人，终能尝到成长的甜头。

稻盛和夫创办京瓷株式会社（以下简称"京瓷"）后不久，为了让企业活下去，他不断上门推销开拓新客户。当时的京瓷既没有名气和信誉，又没有实绩，上门推销时，他总是被拒绝。有一次，稻盛和夫和员工前去拜访一家知名大型机电厂家，他们被扫地出门。稻盛和夫不死心，后来又去拜访了很多次，最终好不容易见到了相关的技术人员。

结果一见面，对方就一口回绝："像京瓷这样没有实绩、没有知名度的企业，我们绝对不可能采购你们的产品。"接二连三的受挫让年轻的销售员心情变得很沮丧。但稻盛和夫并没有就此放弃，他厚着脸皮一次又一次登门拜访，最终拿到了那家公司的订单。

回忆起这段经历，稻盛和夫说道："不管被怎样蹂躏践踏，人要凭着内心隐藏的斗争心，坚韧不拔，努力突破。"

这世上，大部分成功是在一堆磨难里灰头土脸熬出来的，要是别人一个冷眼你就打退堂鼓，那你这辈子都不可能成事。

有人会对你说难听的话，有人会拒绝你的请求，有人会忽略你的存在，你得学会承受这些羞辱、忽视、打击，把它们都变成自己的经验、智慧和铠甲。把心胸放大，少些脆弱和敏感，这样你才能经得起世间的风雨。

做到以上这些，你才能真正脱敏，不在乎外界的评判。生活不易，人人都有遭受生活"毒打"的时候。戒掉玻璃心，一步步地强大自己，硬着头皮扛过去。

不为别人的情绪买单，
是一个女人最高级的自律

01

作家张德芬曾分享过一次经历。有一天早上，她接到了公司同事打来的电话。因为供应商出现了问题，业务进展不顺利，同事向她大发牢骚，宣泄不满。挂掉电话后，原本心情很好的她无端憋了一肚子火。

当时她下楼陪孩子们吃早餐。女儿早早到了餐桌前，儿子却在楼上磨磨蹭蹭不下来。张德芬顿时就怒了，冲儿子吼道："动作这么慢！在楼上磨蹭那么久，我应该送你当兵去，把你训练得动作快一点！"儿子听后，立马反驳道："哪里慢了，今天要穿制服，还要打领带，很复杂的。"张德芬更生气了，对儿子大声斥责，儿子也毫不退让，这顿早餐就在争吵中过去了。

出门时，她突然听到儿子大声斥责妹妹，让她赶快收拾。张德芬刚想出言制止，突然察觉到这像极了刚才发火的自己。

这时，她终于意识到，是同事的那通充满怨言和不满的电话让自己变得暴躁，而自己的坏脾气又让儿子的情绪变得非常糟糕，最终导致家里的所有人都染上了彼此的负面情绪。原来，负面情绪是会传染的。

一位心理学家说："情绪可以像流感那样传播，感染所有与这些情绪密切接触的人。"生活中，每个人的糟糕情绪都可能会像流行病毒一样肆意传播。一旦被他人的负面情绪感染，你的生命能量也会随之消耗。

02

一位博主曾分享过一段经历。她在火车站工作，有一次遇到一个女性乘客忘记带身份证，无法进站。女子试图强行进站，被她拦住后，便怒吼道："你真是不近人情，耽误我的行程你负责吗？"她态度温和地提醒该女子："我们有规定，请您办理相关手续。"谁承想，女子直接破口大骂："你算老几，轮得上你来教我做事？"

被无故臭骂的她，心情一下子就变差了。那一整天，她都带着情绪工作，而跟她接触的几个同事也纷纷变得暴躁起来。

美国心理学家戈尔曼曾说："情绪具有超强的传染性和扩散性，不仅能从一个人传染给另一个人，也会因为一件事蔓延到所有事。"在坏情绪的传播下，所有人都会成为受害者。有位朋友是一家企业的高管。在他的带领下，公司业绩一路领先，连续 5 年实现利润的高速增长。然而到了第 6 年，公司的销售业绩忽然急转直下。

这一巨变与市场毫无关系，全因公司招来了一个新人。这个新人履历光鲜，也有不错的工作能力，可就一点不好：喜欢抱怨。他看不上现行的工作制度，埋怨领导分工不明，抱怨客户毛病太多……在他的影响下，其他同事也开始变得满腹牢骚，干起活来都提不起劲。

久而久之，曾经热情洋溢的销售团队逐渐变得压抑颓废。这一年，公司业绩暴跌。后来，公司决定解雇这个新人，但销售团队却再也难有从前的活力。富兰克林曾说：

"一个烂苹果，足以弄坏一筐苹果。"想必你身边也有这种人，他们爱抱怨、很颓废，总是心灰意冷、消极悲观。与之接触，我们也不免受其影响，丧失好好生活的热情。

离这种人越近，你越容易被传染上负面情绪，最后甚至会成为他们中的一员。一旦被别人的负面情绪影响，最终毁掉的可能就是我们的一生。

03

洛杉矶大学心理学家加利·斯梅尔（也译为加里·斯莫利）提出过一个"情绪污染"的概念。斯梅尔通过研究发现：那些原本心情舒畅的人，若是同一个愁眉苦脸、烦闷暴躁的人相处，不久他的情绪也会变得沮丧或暴躁起来。这个过程神不知、鬼不觉，让人防不胜防。

生活中，有些人就像一个行走的负面情绪"污染源"，潜伏在你的身边。他们身上装满了愤怒、恐惧、失望、暴躁等各种负面情绪，急于找到一个地方倾泻。一旦你被"感染"，就容易被吞噬于负面情绪的泥沼中。哈佛大学教授马丁·塞利格曼说："面对负面情绪，如果你没有强大的心智去消化，那么默默疏远与屏蔽就是最好的选择。"

《格局》一书中有这么一个故事。有位智者和朋友在路上遇到一个情绪失控的人，那个人无来由地对他们大发脾气。朋友性急，立刻反击，与那人吵得面红耳赤。而智者主动避开，不与其争辩。最后，那个人发泄完情绪扬长而去，朋友却攒了一肚子气，闷闷不乐。

这时，智者问朋友："如果有人送你一份礼物，你拒绝接受，那这份礼物最后会属于谁？"

朋友答道："当然是物归原主。"

智者微微一笑："他情绪不好，你除了生气，更有不接受的权利。"朋友听了，恍然大悟。

一位作家曾说："每个人都有自己的心理边界，它像护城河，将我们与他人的情绪区别开来。"一个人有清晰的界限感，就会意识到哪些是自己的情绪，哪些是别人的。面对别人的坏情绪，我们不必做一块情绪海绵，盲目吸纳。保持一定的边界感，避免被他人的情绪污染，这才是对自己最大的保护。

04

心理学上有个词叫"情绪自由"。当实现情绪自由，你才能避免被他人的情绪消耗，过好自己的生活。而想要彻底掌控自己的情绪，我们首先要建立防护墙，减少他人的情绪对我们的干扰。

一个女性最清醒的认知是明白别人的情绪与自己毫无关系。任何时候都不要为别人的情绪买单。多在意自己，少关注别人。不断提升"情绪免疫力"，从源头上杜绝"情绪污染"，你才能还生活一片净土。

我一直很认同这样一句话："生活的意义，不是为别人的情绪找出口，而是为自己的生活找出路。"人生是自己的，不要盲目接受别人的垃圾情绪，并以此消耗自己。做聪明的女人，要学会将自己的情绪置顶，与负能量的人撇清关系。当你远离了别人头顶的阴霾，自己的世界才能充满阳光。请你做好情绪防护，排除外界干扰，做自己心情的主人。

通透的女性，都懂得"反脆弱"

某知名脱口秀女演员曾在一档综艺节目上坦言，自己是个非常容易焦虑的人。有工作的时候，她会因为害怕失去工作而焦虑；没有工作的时候，她又会因为担心自己找不到工作而焦虑。除此以外，她还会为自己的身材、容貌、人际关系焦虑，害怕自己变老、变胖、变得没人喜欢……

坏事还没有发生，你就提前焦虑，就等于你遇上两次坏事。陷入"提前焦虑"陷阱的人，每天处在一种满负荷运转的状态下，与生活的斗争尚未开始，他们就已感觉精疲力尽。

01

1983 年，美国社会学家 A.R. 霍克希尔德提出一个概念，叫"情绪劳动"：员工根据工作任务需要和组织规范，在工作中使用特定的情绪管理策略，适当地表达情绪和调节情绪体验的过程。情绪劳动常常被人忽视。当一个人思虑过度，他就会消耗大量的能量和精力，导致自己停滞不前。

心理学家李松蔚分享过一个故事。有位读者想全心全意做科研，但实际上他一周只拿出 1 天时间做这件事，剩下 6 天都在设想自己可能会遭遇的失败和难题。他想得越多，就越拖延。时间过去了大半年，他的科研项目一点进展也没有，他因此更加忧心忡忡。

"忧虑不会带走明天的难过，只会带走今天的力气。"如果把每个人都比作路上飞奔的汽车：当你把 80% 的能量用于焦虑、内耗，只有 20% 的能量用于前进，那么你自然跑不远；可如果你心无杂念，把 100% 的能量花在奔跑上，你就会迅速超过其他车辆。很多时候，一次行动好过一万次杞人忧天。

一味沉浸在对结果的担忧里，你只会无端消耗能量，错失长远的发展。当你在行动中不断尝试，进入反馈、修正、推进的正循环，你就能拿回对生活的掌控权，所有的焦虑自会消弭于无形。

02

在辽阔的撒哈拉沙漠上生活着一种土灰色的沙鼠。它们终日囤积草根，即便草根早已多到腐烂，沙鼠也不停歇。原来，沙鼠曾经历过旱季，那种对食物的担忧深深印刻在沙鼠的基因里。

生活中的很多人也跟沙鼠一样，整日担惊受怕，觉得前路迷茫。但其实为难他们的不是生活本身，而是他们内心太多的负面暗示。

在《反焦虑思维》一书中，玛丽向心理医生求助，说自己常常午夜惊醒，心脏"怦怦"乱跳。她说自己的生活有数不清的麻烦：

两个孩子正挣扎着度过青春期，可能变成无法控制的"猛兽"；丈夫随时可能会丢掉工作，她将成为家里唯一的收入来源；照顾年迈的父母需要的金钱，超过了他们的固定收入；房贷变成了他们永远也爬不出来的无底窟窿……

虽然有些事情尚未发生，但持续的焦虑让她疲惫不堪。丈夫埋怨她脾气暴躁，孩子们吐槽她没有半点耐心。提前焦虑，让玛丽的身心都处在"橙色预警"的紧张气氛中，生活变得一团糟。

莫言曾说:"人要生存,就得摆脱连环般的桎梏,忧愁悲观便是人最根本的死敌。"长期活在人为制造的恐惧中,终有一天你会被内心的黑洞吞噬。

要相信,世上没有过不去的关卡,也没有不放晴的雨天。你以为前方是坎坷崎岖的小路,其实等着你的是平坦宽广的大道。所以,不必对未来过度忧虑,甩掉精神上的包袱,你才能越走越快,越走越轻盈。

03

网络上有很多信息在告诉我们,未来又将发生哪些新变化,会对生活造成哪些影响,需要做哪些准备。这些信息有两个特点:它们确实和我们的生活有一定的联系;大部分发生在未来,是我们当下无法直接干预的。

与其对未来过度忧虑,不如转变心态,着眼当下,慢慢出发。

美国一位心理学家曾做过这样一项实验:他要求实验者把未来一周的烦恼写下来,投入一个"烦恼箱"中;一周后，他和实验者一起打开箱子，结果发现，90% 的烦恼没有发生。

失业了活不下去怎么办？一直找不到合适的伴侣怎么办？老了孤孤单单一个人怎么办？……这些问题的确很可怕，但这些"危机"并不在眼前，并且发生的可能性也微乎其微。

互联网是制造焦虑的一大元凶。很多流量贩卖给你的理念总结成一句话就是，现在的你还不够好，因此要努力成为一个更好的人。所以你要花 999 元学会自律早起，要提升认知，要立刻学会短视频营销……减少对互联网的依赖，你会发现生活并不会变得糟糕。

焦虑的本质是想对未来的不确定性强加一个确定性。若把人生看作大海，想要在重重迷雾之中为自己寻到一条确定的航道，本身就是不可能的事情。把人生想象成一个游乐园，既然肯定有闭园的时刻，那么我们的主要任务就是尽可能地多体验、多冒险，玩得开心和尽兴。

04

《我们内心的冲突》一书中有句话："我们越是敢于面对自己的冲突并寻求解决方法，就越能获得更多的内心自由和更大的力量。"

人生在世，总有意外与变数。提前焦虑，执着地想要一个可控的结果，只会慢慢吞噬你的能量，令你深陷生活的泥沼。做一个内核稳定的女人，稳住心态、耐住性子、做好该做的事，时间自会给你答案。

第三章

人际关系心法

一

女性人生"开挂"，
从放下"被爱"的执着开始

01

有段时间，我经常在微信公众号的后台收到一些负面留言。我一度备受其扰，还因此改变了写作风格，自己也陷入了深深的内耗中。结果我发现当我迎合这些读者的意见去写作的时候，文章的阅读量反而大不如前。一个月后，我终于意识到，不管怎么做，我都无法取悦所有人。自此之后，我又回到了自己最舒服的写作状态中，不再过度关注别人的看法，文章的阅读量也越来越高了。这件事对我的启发很大：我发现人这一生并不是为了讨别人喜欢而存在的。只有学着取悦自己，按自己的路走，你才能找到前进的方向。

02

　　这世上，有一种人活得最累。他们要时刻注意自己的言行举止，生怕被别人厌恶；他们遇事总会选择委屈自己，唯恐得罪别人。但最后他们会发现，无论付出多少努力，自己永远不可能被所有人喜欢。

　　前阵子，我重温了电视剧《凪的新生活》，心里顿感五味杂陈。凪是个习惯讨好别人的女孩。她每天都察言观色，和同事聊天时，她也小心翼翼，生怕惹对方不开心。原以为处处与人为善，大家就会喜欢自己，可现实却大相径庭。同事压根瞧不上她，每次都把最麻烦的工作推给她。恋爱多年的男友也嫌弃她，公开指责她的不足。受尽委屈后，她想要过一种全新的生活，于是果断辞职。结果，母亲又打电话向她要修房子的钱。凪本想拒绝，可又怕母亲生气，只能冒着大雨取出全部积蓄寄了回去。很多时候，我们会为了讨好别人而忽略自己的感受。但一味委屈自己，只会一步步拖垮我们的生活。

　　一个朋友过去在一家外企工作，时不时就会有朋友找她帮忙翻译资料。她习惯性讨好别人，对朋友更是有求必应。

结果朋友却把她的帮忙当成了理所当然，毫不客气地发了一些复杂的资料给她翻译。翻译这些资料耗了她几个晚上的时间，还耽误了她的工作，导致她被领导大骂了一顿。但朋友早已习以为常，连一声谢谢都没有说。年少时，许多人总把讨好别人放在第一位。到了一定年纪，他们才发觉活在别人的眼里很可能耽误了自己。

哲学大师叔本华在《人生的智慧》中写道："人性中有一个特殊弱点，就是过分看重自己的存在以及在他人心目中的样子。"太在意别人的评价无疑是在霸凌自己。太渴望讨人喜欢就是亲手把自己命运的控制权完全交给了别人。

03

一位歌手刚成名的时候，每天都要参加各种宣传、商演活动。除此之外，他还要注意自己的一言一行，唯恐粉丝生厌。但时间一长，他不禁怀疑这是否真的是自己想要的生活。后来，他主动退出了组合，租了一套普通房子住。从那以后，他便不再把自己当成万众瞩目的明星。不用在乎旁人的眼光后，他活得越发舒服自在。

你有没有注意到，把讨人喜欢放在第一位的人，人生往往过得很悲哀。别人不经意的一个眼神、一句话，都会在他们心中掀起惊涛巨浪。其实，当我们懂得取悦自己时，就会发现快乐原来如此简单，人生也可以变得丰富起来。

我读过毛姆的《刀锋》，对书中的主角拉里很是钦佩。拉里曾是一名空军，因表现出色，受到多次嘉奖。战争结束后，未婚妻建议他去律所当一名律师或去读医学院，不少业界老板也向他递出了橄榄枝。他纠结再三，最终却选择拿着奖金过自己喜欢的生活。过去，拉里为了追求别人的喜欢而努力，但现在，他只想为自己而活。为了找到人生的意义，他曾在图书馆里一天花十几小时读各种文学著作。等到精神足够富足后，他又开始干体力活，去煤矿做工人、做机器修理工。后来，他和同事一起旅行，终于在旅途中找到了真正的自己。

之前曾看到一个问题：人为什么要为自己而活？有个答案我很认同：为别人表演的人生太空洞了，活给自己看，才叫活着。要知道，我们每个人的生活都是由自己构建的，与他人无关。把取悦自己作为人生的第一要义，你才能迎来这世间的一切美好。

04

美国导演史蒂文·斯皮尔伯格 29 岁那年，因执导电影《大白鲨》，成了好莱坞当时最炙手可热的导演。一时之间，许多知名媒体都发来了邀约。有一次，《时代》周刊以他为主题制作了一期特辑。杂志更是毫不吝啬地赞美他是"如今无人能比的最佳电影导演"。可当他的制片人把杂志送到他面前的时候，他却看都没看一眼。制片人很惊讶："整本杂志都在夸你，你怎么不看一下？"斯皮尔伯格淡淡地回答："我现在如果相信他们对我的称赞，我接下来就会相信他们对我的攻击。老实说，我一点也不在乎别人怎么说我。"正是这种不在意外界眼光的态度，才让他得以集中精力，拍出了更多经典影片。

到了一定年纪，你会发觉人生就像爬楼梯。你无论走到哪一层，都有人仰望你，也有人俯视你。同样的，不管你做什么，都会有人喜欢你，也会有人讨厌你。

有网友分享过自己的故事。她曾是一名空姐，入职刚满9 个月，便晋升为乘务长。原因就在于她从不怕被人讨厌，一门心思都在自己身上。别人一拿到工资就疯狂购物，可她却立即报了一门 9800 元的管理课程。同事对此议论纷纷，带她的师傅劝她老实工作，就连乘务长也忍不住嘲讽她痴心妄想。身边人也因为她的野心而嫌恶她，甚至还会暗地里对她使绊子。但她却下定决心，要靠自己的努力当上乘务长。一有时间，她便凑在乘务长身旁学习飞机管理知识。遇到乘客刁难，哪怕再委屈，她也要在一旁观摩乘务长的处理方法。最终，在那年的乘务长招聘考试中，她得了笔试满分，成了晋升最快的乘务长。

罗振宇曾提出过一个观点：被人讨厌是一笔财富。人生最要紧的事，就是学会置顶被人讨厌的勇气。不在意别人的评价、不害怕被别人讨厌、不追求被他人认可。被人讨厌又如何，就算入不了别人的眼，也不妨碍你奔赴心之所向的山海。

05

汪曾祺曾在《人间草木》中写道："栀子花粗粗大大，又香得掸都掸不开，于是为文雅人不取，以为品格不高。栀子花说：'……我就是要这样香，香得痛痛快快……'"初看时，我只觉妙趣横生，如今，我才品出其中的深意。与其憋屈地讨好他人，不如痛痛快快地活一场，活成自己喜欢的样子。毕竟，人生是自己的，只有你拥有取悦自己的能力。

好的关系，从远离"能量扶贫"开始

01

法兰克福大学的一项研究表明：每个人都是带着一定的能量储备来到这个世界的。在一段关系中，如果你一直在付出、给予，那么这段关系终会让你精疲力竭。人与人之间的能量是相互流动的。远离"能量扶贫"、彼此滋养才能久处不厌。

02

知乎上有个提问：为什么一段关系会破裂？有个高赞回答是：有来、无往，有付出、无回应。朋友三番五次找你帮忙、向你索取，你每次都鼎力相助，可对方却连一句感谢都不说，时间久了，关系自然会无法维系。

作家马克·吐温和朋友布勒特·哈特因彼此欣赏对方的才华而结识。在马克·吐温出名前哈特曾邀请他为杂志撰稿，对他帮助良多。可后来，他们的友情却出现了裂痕。哈特不善理财，有一段时间身上没钱，马克·吐温便把自己的钱拿来接济他；哈特没地方住，马克·吐温就让他搬到自己家；哈特没地方创作，马克·吐温就让他与自己共用一间书房。结果却是，哈特不仅不感激，还理直气壮地要求一切，就连创作的纸笔，都让马克·吐温为他提供。马克·吐温一直拿他当朋友，尽量满足。可哈特并没有收敛自己，不仅不知感恩，反而嘲笑马克·吐温铺张奢华的生活方式。最后马克·吐温实在无法忍受，索性与哈特断绝了往来。

单方面的付出永远架不起感情的桥梁，一味给予只会让对方更加肆无忌惮。"能量扶贫"的关系，终究会耗尽自己的精力，让生活陷入泥沼。

03

"罗辑思维"联合创始人李天田（笔名脱不花）曾在书

中写道："最消耗自身能量的事，就是和怨气冲天的人在一起。为自己着想，不要扎堆聚在一起发牢骚。"

作家杨熹文留学期间曾遇到一位年纪相仿的女生。女生在一家烧烤店兼职，杨熹文因为常去这家店与朋友吃夜宵，很快便和女生成了朋友。但渐渐地，杨熹文就发现她是一个很消极的人。女生出国已经三年，为了赚生活费每天晚上从六点打工到深夜两点，工作内容就是枯燥的穿肉串。杨熹文当时也在打工，但为了改变现状，她一有空就留意其他招聘信息，苦练英语。她把自己的打算告诉女生，鼓励她一起行动。不料女生却说："你还觉得我不够辛苦、不够努力吗？"每当杨熹文鼓励她，她总能找到理由来拒绝。随即她又自怨自艾、一脸愁容，哀叹自己的无能。久而久之，朋友身上的这种"霉气"，也让杨熹文生出一种无力感。意识到这点后，她选择疏远这个朋友。她拼命啃英文、考驾照，随着口语越来越好，她找到了更好的兼职。随后，她又挤出时间读书、写作。最后，她不仅结交到了很多心态积极的朋友，还在他们的鼓励下成就了自己的事业。

心理学家曾将人际关系分为"消耗型"与"滋养型"。消耗型关系会吸食你的能量、拖垮你的情绪，令你陷入无尽的内耗。滋养型关系会予你能量、为你充电，成为你前进路上的"充电宝"。远离前者，靠近后者，你才能远离烦恼和纷争。和滋养你的人在一起，即便前行路上有再多烦闷，相信也能一扫而空。

04

一位作家说："最好的关系是人与人之间能够达成相互滋养，如此，这些非常重要的关系才能陪伴你走很久。"没有一段感情的联结是为了让彼此变得更糟。能够长久相处下去的情谊，必定是滋养大过消耗。

隋文静和韩聪是一对花样滑冰双人滑搭档。2016 年，隋文静韧带重伤，差点被迫放弃自己的职业生涯。在治疗期间，韩聪陪伴她、激励她，将坐在轮椅上的隋文静推回冰场，把她从悲伤中重新拉了回来。后来韩聪接受髋关节手术，髋关节被嵌入了 4 颗钉子，隋文静反过来为他加油打气，予以他正能量。直至如今，两人已经相互扶持走过了十几年。

生活中，谁都有消极沉闷、陷入低谷的时候。没有谁能一直保持能量满格，也没有谁能一直为他人提供能量。那些真正长久的感情，都离不开双方相互滋养、彼此赋能。

05

作家张波在《高质量社交》中曾表达这样的观点：人与人之间的关系就像"人"，一撇一捺，互相支撑、互相扶持，这段关系才能站稳、立住。社交的意义，不是消耗，而是滋养。好的关系，也不是一方"扶贫"，而是双方相互扶持。

跟谁较劲，本质上都是跟自己较劲

01

有一位口技爱好者很擅长模仿鸟类的叫声。一次，他为了模仿画眉的声音，找来一只家养的画眉来做对照练习。谁知画眉听到他几可乱假的声音，竟然跟他较上了劲，一直对他叫个不停。等过了一个多小时，画眉终于停了下来。他好奇地上去查看，才发现这脾气执拗的小画眉已被自个儿气死了。其实人一旦生了较劲之心，真不比画眉聪明多少。为了争一时输赢，想尽办法与他人对抗，常常搞得自己身心俱疲。正如这句话：人生就是那点事，跟谁较劲，都是跟自己较劲。人的能量有限，不要把心力浪费在无意义的逞强斗气上。

02

近日重温电视剧《小舍得》，田雨岚的经历真是把我看得五味杂陈。田雨岚是随母亲改嫁到南俪父亲家的，自那时起，她便把南俪这个姐姐当成了假想敌。上学时，她跟南俪比学习成绩；恋爱时，跟南俪比男朋友；工作时，她又继续比职位和收入。铆足了劲地比来比去，可她觉得自己处处不如南俪。直到结婚生子后，田雨岚终于找到了一张制胜王牌，那就是孩子。她儿子原本学习成绩一直很优秀，但为了能彻底赢南俪一回，田雨岚拼命向孩子施压。孩子不想当班干部，她逼着孩子参加竞选、背演讲稿；孩子偶尔考试失利，她一气之下把孩子养的小动物全部没收。在她"望子成龙"的压力下，开朗的孩子竟慢慢有了抑郁倾向。而她自己呢，不仅因个性太过强势把家庭搞得一团糟，还因为心理压力太大而几度精神崩溃。人都有胜负欲，但把它用错了地方，就会变成一场灾难。总为了自己的那点不甘心，用赌气的方式与人"死磕"，往往会伤敌八百却自损一千。

我身边也有这样一个"好胜者"同事。前不久，她收到高中同学聚会的消息后，咬牙花了半个月的工资，买了一套"战袍"去赴宴。可等她参加完聚会从老家回来后，却失魂落魄了好一段日子。原因是，她发现曾经有两个过去看着并不起眼的女同学，现在过得都比她好。一个当上了三甲医院的医生，不仅工作稳定、收入高，还备受同学尊敬。一个嫁给了"潜力股"老公，现在已经发家致富，过着让人羡慕不已的富太太生活。她郁闷至极，想着自己一点也不比她们差，凭什么如今竟混成了手下败将？我也不知该怎么安慰她，可说白了，这痛苦纯属就是她的心态不正所致。正如有句话所说：让你苦不堪言的纠结焦虑，其实都是你在跟这个世界盲目较劲。人如果凡事都想一较高下，很容易会把生活变成战场，像一架战斗机时刻处于紧绷备战的状态，到头来，被无关紧要的人与事耗损了能量，也把生活过成了一地鸡毛。

03

1999 年时，金庸被邀请任浙江大学人文学院院长。消息一出，在当时的学术界引发了轩然大波，不少人纷纷对此表示质疑。南京大学文学院院长董健认可金庸是一个非常好的武侠小说家，但他认为金庸当院长根本不合适。面对如此攻击，金庸表现得谦逊淡然，说："别人指责我，我不能反驳，唯一的办法就是增加自己的学问。"后来，他选择辞去在浙江大学的职位，前往英国剑桥大学攻读历史学。经过五年的努力，他成功拿到了历史学硕士和博士学位，给了所有质疑者最有力的反击。

正所谓，他强由他强，清风拂山冈。人生苦短，与其处处较劲、劳心耗神，落得个"输人又输阵"的结局，不如少费力、多蓄力，把有限的能量花在提升自我上。

04

人这辈子，如果沾上了爱较劲的习气，就会有吵不完的架、烦不完的事、争不完的理。掰扯到最后，无论何种结局，你都会在负能量的泥潭中越陷越深，越活越累。余生想要过得轻松自在，不妨从修炼这三个不较劲的智慧开始。

1. 不气

百病由气生，久郁易成疾。为什么我们常会发现，很多人每天注重吃补品、养睡眠，身体却还是每况愈下？因为心里憋着的气总有一天会变成身体积下的病。遇事忍不住着急上火的时候，不妨提醒自己：生活本就已经很累了，再让一些无足轻重的事影响自己的情绪和健康，那就太傻了。如果你是对的，没必要生气；如果你是错的，你生谁的气？凡事少往心里去，无论何时，让自己心平气和、不动怒，这才是真正的养生之法。

2. 不比

人的烦恼大多源自比较。从你心生攀比的那一刻起，通常就注定了你悲惨生活的开始。正如东野圭吾所写："你这么较劲会很累的，人可不是为了受苦才活在世上的。"过日子不是打仗，行走世间的目的也不是与任何人一较高下。放下攀比的执念，少研究别人、多专注自身，将焦虑化作自我精进的动力。当你足够出色，什么也不用比，实力自然会替你说话。

3. 不争

人的立场不同、三观不同、认知不同，决定了很多问题无法沟通与交流。非执着于和别人讲道理、辩对错，针尖对麦芒，结局只会两败俱伤。卡耐基有句名言："赢得争论的方法只有一个，那就是避免争论。"与不同层次的人发生争执，说再多都是在消耗自己。不争不理、敬而远之才是保持自身能量的最好方式。愚者用言语辩驳，智者以沉默回击。只要少说几句话就能化冲突于无形，还自己一个清静安宁的世界，何乐而不为？

05

生命真正的悲剧往往源于自己内心的偏执。很多痛苦，看起来是别人带给你的，实质上都是自己想不开、看不透、放不下所致。生活是给自己过的，你行不行，真的没必要向任何人证明。

摆脱社交内耗最好的方式：
不自证、不分析、不说服

01

德国作家斯蒂芬妮·斯蒂尔写过这样两句话："在我们的生命中，几乎所有的东西都围绕着人际关系。好的人际关系让我们感到幸福，坏的人际关系让我们感到痛苦。"说到底，这个世界上，人绝大多数的烦恼源于社交。想要生活一路向上，唯有减少社交内耗。

02

心理学家迈克讲过一位患者的故事。有一次，这位患者在临睡前看社交软件，发现同事艾伦给他们共同的好友发的内容都点了赞，唯独没给自己的点赞。他立马联想到，一定是因为自己业绩平平，近期也没有升迁的可能，所以同事才会忽略自己。细想之下，他又觉得所有同事都不喜欢自己。他越想越难过，以至于整晚失眠。第二天清早，他送女儿去幼儿园。没承想幼儿园今天有活动，因为他没穿礼服，女儿参加活动的资格被取消了。看到女儿失落的表情，他又联想到都是因为自己没出息，家人才会受排挤。从那以后，这位患者变得消沉不已。别人一句不经意的话就会让他陷入深深的自责和难过。他开始失眠，头发大把大把地掉，人也越来越憔悴。如果一个人太过敏感，外界的一举一动都会令他心神不安。无所谓的小事，在他这里就是翻不过去的大山；无须介意的人，也成了他生命中的拦路虎。仔细想想，凡事看开些，不去分析别人的动机，反倒可以让我们活得更轻松。

作家哈里斯和朋友散步的时候曾经遇见一个脸色阴沉的小贩。朋友想要买一份报纸，于是礼貌地跟小贩说话，小贩却始终冷言冷语。朋友接过报纸，又和颜悦色地说了句"谢谢"。小贩仍旧不予理睬。两人买完报纸离开后，哈里斯忍不住吐槽说："那个人的态度也太差了，你不生气吗？"朋友却一副司空见惯的样子："他一向这样，我们没必要浪费

时间去分析别人的表情。"哈里斯不解地问："那你为什么还
对他这么客气？"朋友一脸平静地回答："我为什么要让他
决定我的行为？"

只要不关注任何人的动态，不揣测任何人的想法，不去
设想一些没发生的事情，简单一点、钝一点、慢一点，你会
发现你过得很自在。天意不问，人心莫猜。永远不要让自己
陷入过度思虑的旋涡中。不看、不听、不想、不念就是最简
单的自我防护。

03

一位作家曾做过一个比喻：向别人证明自己，就像在别
人家里进行一场篮球赛。球场不合规，也没有真正的裁判，
你是输是赢，全靠别人评判。你说得再正确、再合理，对方
也有一万种谣言继续抹黑你。倒不如一开始就别去理会，把
时间用在更值得的人和事上。

前阵子，重温了电视剧《流金岁月》，我对女主角朱锁
锁的经历颇为感慨。朱锁锁人长得漂亮，脑子也灵活，刚入
职就得到了销售总监的器重。总监不仅亲自教她销售技巧，

还经常带她出入各种重要的场合。公司新楼盘开售后，她凭借着过硬的业务能力和对人情世故的拿捏，一个人卖出去三套大户型，拿到了几十万元的提成。公司的许多同事在背后窃窃私语，说她的业绩都是靠美貌和身体换来的。对于这些莫须有的诋毁，朱锁锁毫不在意。她还主动打消上司的顾虑："我凭本事赚我的钱，他们爱说什么就让他们说好了。"凭着这份"人间清醒"，她将所有的精力都用在经营自己的事业上。短短几个月，她就成了销售部的红人，还得到了集团老板的赏识。

心理学上有个概念叫"自证陷阱"，意思是对方给你贴了一个标签，你极力地去解释、证明和反驳，却不知恰恰陷入了对方的圈套。与恶人纠缠就像和野猪在泥地里打滚，你不仅讨不到半分便宜，还会沾上一身泥。要知道，在恶意的揣测面前，任何回应都不过是徒劳。当你面对猜疑时，知道对方说得没道理，扭头就走便是最好的做法。

04

某作家曾说："世界上大多不高兴的事是从改变别人开

始的。你好心好意劝说别人改变，却不知在对方的眼里，这就是多此一举。"

埃丽卡是一家500强企业的销售经理。她有个同事总依仗自己资格老，虽然业绩平平，但是很不服从管理。刚开始两人是平级，后来埃丽卡升职，成了这位同事的上司。埃丽卡心想，两人在一个部门，自己就多帮助这个同事一点。于是她好心劝说对方勤出差去拜访客户，对方却说："家人生病需要照顾，我无法出远门；实在要去的话，也必须当天返回。"埃丽卡劳神费力地为对方争取培训的机会，对方也不买账。到头来，她所有的付出都没有结果，自己也累得身心俱疲。

很多时候，我们感到痛苦困惑，是因为我们想说服别人，试图改变对方的行为和想法。人最大的执念之一，就是喜欢把自己的思想装进别人的脑袋里。这样做，到头来不仅得不到自己想要的结果，还会让自己深陷泥潭，无法自拔。

咨询师李松蔚有个朋友L，之前成立了一家工厂。L喜欢参加各种饭局，借此打通销售渠道，但对于工厂的事他却不闻不问。李松蔚劝他亲自到车间去监督生产，对方却不以为意。李松蔚见状，特意约他到咖啡厅，对他讲了半天其中的利害关系。可出了咖啡厅，李松蔚发现自己的微信竟然已经被对方拉黑了，他瞬间委屈到了极点。他不明白，为什么自己苦口婆心地为朋友着想，却换来了这样的结局。后来，L 的工厂果然出了问题，工厂生产的第一批产品被检查出了大量不合格品。原来，因为他从来不去工厂，工人们偷工减料，导致产品大部分是残次品。李松蔚听说了这个消息，自嘲道："人与人之间终是不同的，强行去劝诫别人，只会无功而返。"

叔本华也说过："在与别人谈话时，我们不要试图矫正别人，尽管我们所说的话出于善意。因为冒犯和得罪别人是很容易的，但要对此作出弥补，如果不是不可能的话，也是相当困难的。"成年人的世界，道不同不相为谋，志不合强留无用。只筛选，不教育，不试图改变和说服任何人，这才是真正的清醒。

05

所有的内耗，归根结底就是你在乎的太多。要想摆脱内耗，不妨迟钝一点、心大一些。当你真正成为自己生命的主角，你就能以从容的姿态，走好人生的每一段路。

女性成熟第一课：看淡关系

我曾听过一句很清醒的话："你的寄托可以是任何东西或事情，但唯独不可以是人。"年轻时我们天真纯粹，以为真心能换真心，深情会回应深情。直到受过亲密的人射来的冷箭，看过关系破裂时的翻脸，方知人情薄如宣纸，风一吹就皱、雨一淋就湿。

到了一定的年纪，你终会在痛苦中顿悟：真心不一定能换回真心。女性成熟的第一课，是对任何人都别有太多指望，对任何关系都别强求、别纠缠。

01

珀西·比希·雪莱和玛丽·雪莱曾被英国文学界誉为"最有才华的一对夫妇"。然而在很长一段时间里，玛丽甘愿做雪莱背后的女人，她每日翻阅雪莱给自己的情诗，觉得只要有对方在便是自己最大的幸福。直到有一天，她偶然发现雪莱新写的情诗，收件人竟不是她。她把对方视作自己的生命，换来的却是无情的背叛。

很多女人曾经是翻版的玛丽，以为付出就会得到等价的珍惜，即便牺牲自己也甘之如饴。许多人受伤、失望后才逐渐看清一个真相：人生最重要的课题永远是把自己的感受置顶。

电影《出走的决心》里，李红是一个时时刻刻把他人的需求放在首位的人。丈夫喜欢钓鱼、打球，不愿意做家务，她任劳任怨，大包大揽。可丈夫不仅不珍惜她的付出，还总对她大呼大叫、各种挑刺。女儿生下双胞胎需要人照看，她就没日没夜地帮忙带孩子，心心念念了很久的同学聚会就此泡汤。当她不断压抑自己的需求，牺牲自己去满足家人，她得到的更多是索取：女婿升职后更忙了，女儿刚在职场站稳脚跟，需要她继续带孩子……至于她年少时的梦想、珍贵的同学情谊、想去旅游的渴望，家人视而不见、置之不理。失望日渐积累成了绝望，她终于在一次大爆发后，头也不回地背起行囊离开了让人窒息的家。她开着车子一路向南，见了许多年没见过的老同学，去了许多只在地图上见过的地方。她将自己旅行中的所见所闻拍成视频，慢慢成了知名博主，从"绝望主妇"逆袭成了"爽剧大女主"。

你才是你自己生活的唯一主人。关系的本质是自我价值的延伸。

把别人放在高位，等着你的常常是轻视和压榨。一个活出了自我、有更高的价值感的女人，不会允许自己在一段关系里委曲求全，更不会消耗自己去喂养别人。

02

作家苏芩曾提到，交往归交往，无须哄彼此开心。不要从别人那里过度索取情绪价值。真正成熟的女性，早就在变幻莫测的人世间，活成了自己的摆渡人。

在毛姆的小说《月亮与六便士》里，思特里克兰德太太原先是个幸福的女人。她出身英国世家，丈夫是证券交易所的经纪人，两人情深意笃，儿女乖巧懂事，怎么看她都是"人生赢家"。可有一天，丈夫为了自己画画的梦想，突然不辞而别。原本完美的生活被深爱的人狠狠撕碎，她恨过哭过，但她从没对外说过丈夫的不是，也从不曾把自己的伤口撕开去博得同情。家里没有经济来源，她就把房子出租、把家具卖掉，换了一个小房间安顿下来。没有赖以谋生的本领，她就去学打字、学速记，为自己招揽生意，独自拼好了支离破碎的家。

请永远记住：你的悲喜，与别人无关。在这个世界上，没有人真正可以对另一个人的伤痛感同身受。不要四处兜售你的苦难，不要到处寻求安慰。你唯一需要做的是当自己的心理医师，为自己疗伤。

03

人们常说，靠人人会跑，靠山山会倒。中年以后我们会对这句话有更深切的体悟。你时常会遇到的情况是：那些原以为会拉你一把的亲人，在关键时刻根本不愿意伸手；那些婚前说要养你的男人，婚后会指着你的鼻子说"是我养的你"。

曾在知乎上看过一位单亲妈妈的自述。因为丈夫出轨，她独自打了一场艰难的仗：要照看孩子、要搜集证据提交法院、要与对方谈判……在这个过程中，她承受着身心的双重折磨。力不从心之际，她请母亲帮忙照看孩子，母亲却以自己身体不适为由拒绝帮忙。顺利离婚后，她指望前夫能出于愧疚多给孩子一点生活费，可前夫却连基本的抚养费都不按时支付。

许多中年女人似乎活成了孤单的船，放眼望去，只有大海的苍茫，没有停泊的港湾。弱者只会站在困境里顾影自怜，而强者却会在认清真相后狠狠转身，自己渡自己到彼岸。

在亦舒的小说《我的前半生》里，子君大学毕业没多久，就嫁人成了全职太太。丈夫每月给她不菲的生活费，出门有司机接送，每天的生活就是喝下午茶和购物。常年被圈养的生活，让她早已失去独立的底气。当丈夫出轨、提出离婚时，她苦苦哀求丈夫留下来，追问自己哪里做得不好，得到的却是丈夫的冷漠与嫌弃。事已成定局，她只得逼自己强大起来。她找了一份翻译的工作，每天搭船过海去上班。烦人的办公室人际关系、领导高高在上的嘴脸，她咬着牙一一应付了下来。

空闲的时候她找师傅学陶艺，凭借独特的艺术天分，她帮师傅拿下一笔笔订单，几年后顺利成为合伙人。原以为丈夫的背叛会抽走她的脊梁，未曾想，失去依仗的她，反而活成了自己的港湾。

女到中年才明白，把希望寄托在别人身上是最危险的一件事。就如宫崎骏所说："不要轻易去依赖一个人，它会成为你的习惯。当分别来临，你失去的将不是某个人，而是你的精神支柱。"在别人的枝头栖息，随时可能会坠落、会流离失所。自己活成一棵大树，才能自给自足，不惧任何风雨。

很多女性进步最快的时候，不是顺风顺水的那几年，是她无依无靠、失去安全感的时候。她得克服恐惧、怯懦、依赖，一点一点长出自己的铠甲。当你有一天终于明白：任何关系都有可能毫无征兆地破裂，任何人都有可能在某天决绝离开，你才能在心如死灰中重塑自己、周全自己、成就自己。

女性觉醒，从远离"情绪巨婴"开始

01

你身边有没有这样的人：他们无法控制自己的情绪，稍有不如意，就大吵大闹，甚至痛哭流涕；他们消极颓废，整天怨天尤人，总是在散发负能量；他们以自我为中心，希望身边的人都能围着自己转。这类人被某心理学家称为"情绪巨婴"——他们虽已成年，但情绪却如同婴儿一般，经常用自己的无理取闹去折磨身边的人。只要和他们在一起，你就要做好被情绪传染、吸食能量的准备。

02

我在书中看到这样一句话：能量是宝贵的资源，负能量的人会像水蛭一样附在别人的身上，慢慢吸走他的能量。毫无疑问，"情绪巨婴"就是会吸食你能量的人，和他们长期相处，你也会变得萎靡不振。

美国纽约一家报社编辑乔治刚参加工作时，和一位同事合租在一个公寓里。每天下班，同事都会跑到乔治的房间，或是抱怨自己被领导针对，或是埋怨运气不好。他经常会因为一件小事就怨天尤人，对乔治絮叨半天。刚开始，乔治还能耐心地安慰他，让他放宽心。可渐渐地，乔治也开始不自觉地向对方倒苦水，抱怨社会的不公。在报社，明明自己能力最强，却因为年轻的缘故无法得到晋升。一想到这些，乔治顿时失去了向上的动力，工作也开始随意应付，回到家就只想躺平。直到有一次，乔治回家探望父母，看到父亲五十多岁的年纪还在为了养家糊口而拼命赚钱，再想到自己现在一副颓废的模样，深感愧疚。而他如今一团糟的生活是从遇到那个浑身负能量的同事开始的。回到纽约，乔治做的第一件事就是从公寓搬走了。

"情绪巨婴"不会伤你的性命，却常常令你寝食难安。因为，他们的心理还不成熟，习惯把负能量带给别人，让身边的人负重前行。他们从来只想从你的身上吸取能量，根本不会管你是死是活。富兰克林说："一个烂苹果，足以弄坏一筐好苹果。"和"情绪巨婴"相处久了，你会深受其害，丧失对生活的热情和信心。其结果往往是，我们为别人的情绪买了单，却给自己的生活添了堵。

03

你见过"熊孩子"闹脾气吗？他们撒泼打滚、哭天喊地，若不去管他们，他们闹累了也就停下来了。但若去管他们，他们反而会愈演愈烈，甚至让身边人遭殃。哈佛大学心理导师加藤谛三这样描述"情绪巨婴"：作为成年人的个体，却无法拥有成年人的情绪。当你用成年人的标准要求他时，他的情绪比一个三岁孩子还不稳定。同情"情绪巨婴"，就是人生不幸的开始。

作家桌子先生分享过一个真实的案例。女孩和闺蜜及其闺蜜的男友三人相识已久，关系十分要好。在她的印象里，闺蜜和闺蜜的男友虽然有点小孩子脾气，但总体来说人还不错。2022 年的某一天，她突然接到闺蜜的电话求助，说自己正在和男朋友吵架。女孩很同情闺蜜的遭遇，因为担心闺蜜的安危，她立马赶到现场劝架。闺蜜的男友在盛怒之下，朝女孩狠狠砸过来一个玻璃杯。玻璃杯破碎的声音传来时，她只感觉眼睛一阵剧痛，接下来，她的眼前模糊一片。医生在她眼睛的里里外外缝了30多针，即便如此，她的右眼还是没能保住。然而，在她为失去一只眼睛悲痛时，她的闺蜜竟然又与男友和好了！闺蜜甚至讥讽道："我和我男朋友吵架是我们的事，谁让你插手的？"这个女孩，用自己的惨痛教训告诉大家一个道理：尊重他人命运，远离"情绪巨婴"。

《孙子兵法》有云："侵掠如火……难知如阴。动如雷霆。"这句话用来比喻"情绪巨婴"也非常合适，他们的情绪变幻莫测，而情绪上头时就像一颗炸弹，常常会给身边人带来深深的伤痛。如果你不幸遇到了这样的人，永远不要试图去改变他。你掏心掏肺，充当别人的"拯救者"，最后可能别人根本不领情。你真诚地想帮他们长大，结果对方稍不如意，就怪罪到你身上。

04

《圈层突破》一书提出一个"黑洞人"的概念：如果某

个人一靠近你，就让你变得糟糕，说明这个人像"黑洞"一样，吸食了你的能量。"情绪巨婴"就像拥有一个"情绪黑洞"，不停地吸食身边人的能量。生活中，难免会遇到"情绪巨婴"；一旦遇见，请谨记"二不多"原则。

1. 不多嘴

《论语》中写道："忠告而善道之，不可则止，毋自辱焉。"这句话的意思是，如果对方不愿意听你的忠告，那就不要再劝了，再劝就是自取其辱。和"情绪巨婴"相处，多说无益。即便你的建议是真心实意为对方着想，也难以改变他们的想法，反而会给自己增添许多烦恼。如果劝说别人是以牺牲一段关系作为代价，你又何必苦口婆心去劝说他呢？

2. 不多情

作家白落梅在《相思莫相负》中写道："都说人的情绪，是一种传染病，当你不能感染一个人，就必定要被其所感染。"别人有什么样的情绪，是他的自由，我们无法左右。但不困在别人的情绪里，不为别人的情绪买单，我们可以自主选择。你无须为不必要的情绪买单，更不必因此消耗自己。学会调整自己的心态，把注意力从关注他人的情绪上收回来，放在完善和强大自己上。勇敢地和"情绪巨婴"划清界限，保护好自己的能量。

05

《灌园记》中讲："各人自扫门前雪，莫管他家瓦上霜。"人生海海，每个人都有自己的课题。永远不要试图教一个"巨婴"成长，有些"南墙"别人提醒是不管用的，只有自己去"撞"了才会记住教训。

过情关，是一个女人觉醒的最快方式

汤显祖在《牡丹亭》中如此描述杜丽娘的深情："情不知所起，一往而深，生者可以死，死可以生。"听起来无比浪漫的一句话，细思之下，却透着深深的悲哀。

很多女人一生都在为爱而活，在情感的旋涡中徘徊、沉沦，最终反而落得一无所有的结果。这也是为什么国学大师曾仕强认为，女性这辈子要过的第一关就是情关。生命如旅，情关似隘。只有努力越过它，你才能看见辽阔天地，才能找到自己来到这世间的真义。

01

把感情看得太重往往是灾难的开始。常言道，有情饮水饱，无情金屋寒。

很多女人曾以为，人生之幸莫过于遇见心中所爱，哪怕为此经历再多苦累也值得。然而，情爱本身是最虚幻莫测的东西。将爱情奉上神坛，对其寄予太高的期待，就像沉迷于水中月、镜中花，幻想注定会落空。

以前看茨威格的小说《一个陌生女人的来信》，我总是忍不住为女主角痛心惋惜。

女主角在 13 岁那年对风流倜傥的作家 R 一见钟情，自此便开始了她献祭式的爱情。她把自己的整个青春都封闭了起来，不外出、不交友，一心只想着如何追随和捕捉 R 的身影。成年后，为了接近 R，博取其欢心，她更是不惜放低自尊，以露水情人的方式与对方交往。在那之后，明知 R 已另觅新欢，怀了孕的她还是想要留住这份爱的证明，坚持生下孩子。但天不遂人愿，没多久，孩子就患流感夭折了，她也因此而精神崩溃，患上了重病。临终之际，她写下自己的一腔衷情，以信件的形式寄给了 R。可即便读完了这封信，R 的脑海中依然回想不起她的模样。

为了这份爱情，她付出了生命的代价，可换来的却不过是一场自我感动的独角戏。

很多时候，痴情不是美德，而是一种执念。总把恋爱看得太重，看似是为爱勇敢，实际上是一个人心智不够成熟的表现。自身独立性不足很容易过度依赖他人，寻求情感来填补自己内在的空缺。这样做，到最后往往既背离了追寻幸福的初衷，又给自己留下累累伤痕。

我又想起某知名歌手为情所困的故事，很是唏嘘。在最美的青春年华里，她真心对待过的两段感情先后都以"错付"而告终。自那时起，敏感脆弱的她便一直沉湎于情伤中无法自拔，甚至患上了抑郁症，不得不告别歌坛。以她的唱功，要是肯及时从情感受挫的泥潭中起身，投入事业，本可以书写一个全新的未来。遗憾的是，对爱的执迷扰乱了她的心，让她在情天恨海里越陷越深。

《时有女子》一文中写道："我一生渴望被人收藏好，妥善安放，细心保存。免我惊，免我苦，免我四下流离，免我无枝可依。"理想中的爱情总是美好的，但现实中的爱情是一把双刃剑。它可以让人甜如蜜，也可以置人于死地。若你把感情看得太重，又没有自我负责的能力，那它迟早会化作刺向你的利刃，毁掉你的一生。

02

情执不破，智慧不生。心理学家弗洛姆说过："不成熟的、幼稚的爱是：'我爱你，因为我需要你。'成熟的爱是：'我需要你，因为我爱你'。"这句话，道出了很多人深陷情关的缘由。

许多人习惯把自己放在被爱的位置上，寄希望于依附和绑定他人，以得到一世安稳的幸福。但他们却忘了，强求一段错误的关系才是对自己最大的消耗。

作家苏青在嫁给丈夫李钦后以后，一直在忍受对方的坏脾气。为了留住这段婚姻，苏青选择了默默隐忍，并在十年的时间里为李家诞下5个孩子。

遗憾的是，她的委曲求全换来的却是丈夫愈发明目张胆的轻视。一次，家里没米下锅，苏青想向丈夫拿点钱作生活费，结果对方伸手就给了她一巴掌。一掌惊醒梦中人，苏青终于意识到，眼前的男人已不值得她再做任何付出，离婚是唯一的出路。刚离婚之初，李钦后还在等着看苏青的笑话，认定她一个弱女子带着孩子，生活必定难以为继。没想到，苏青不仅靠《结婚十年》成了畅销书作家，还凭借其经商才华，当上了杂志社的社长。

人生就是这样，你害怕什么，就会被什么所困。你放得下执念之际，反而是你活出海阔天空的明朗与自在之时。

在电影《画布人生》中，芬兰画家海莲娜爱上埃纳尔后，拿出自己办画展得来的积蓄，资助其去挪威学习艺术。海莲娜本想着等埃纳尔游学归来便会与她携手相伴终老。可她等到的却是埃纳尔的一封道歉信，对方告诉她，自己遇到了那个对的人，已经订婚了。爱情的变故给海莲娜造成沉重打击，让她一度经常出现心绞痛的症状，住进了医院。好在经过治疗后，海莲娜终于重新找回了自己，并由此意识到：与其把精神寄托在瞬息万变的感情上，不如努力强大自己，做自己忠实的欣赏者和陪伴者。正因为有过这段经历，她后来练就了独特的画风，成为备受推崇的现代主义画家。

我很认可这句话：你喜欢的人只是个普通人，是你的喜欢为他镀上了金身。

很多关系并没有你想象的那么重要，有时彼此会分道扬镳，其实是命运必然的选择。领会了这个道理，那些困住你的情感枷锁自然就会消解。那个你曾以为"非他不可"的人，也自会变成"不过如此"的人。

03

过情关，就是女性开启人生的觉醒之旅。太过执着于感情的人就像在走一条危险的钢丝。要么全情投入，爱得轰轰烈烈；要么就在受挫、受伤后，变得执拗，誓要封心锁爱。

但长期生活在充满防备的心理状态下，人生注定不会有自在与快乐可言。

《世说新语》中写道："圣人忘情，最下不及情。情之所钟，正是我辈。"

人非草木，孰能无情。真正成熟的人不会刻意回避情感需求，而是懂得以洒脱大气的方式处理情感问题。就像我很喜欢的一个演员，她在遭遇婚姻危机的那几年，一度迷失过自我，为得不到丈夫的理解与关心而倍感焦虑。而在几经努力仍无法修补感情后，她终于想明白：人生苦短，得有错就改。之后她毅然选择放下过去的所有痛苦纠葛，与丈夫和平分手。随后的几年里，她把时间和精力用来提升自己、打磨演技，终于靠实力迎来了演艺事业的新高峰。如今的她浑身散发着自信恣意的光芒，那是一种新生的感觉，更是闯过情关试炼后的蜕变。

　　每个出现在你生命里的人都有意义，但不是每段感情都能有始有终。既然如此，何不以"有情却不为情牵"的豁达心态，去面对缘起缘落、人来人往？

　　英国女编辑戴安娜·阿西尔曾遭遇未婚夫的背叛，但在她看来，这只是人生的一段历程而已。之后她依然敢大胆去爱，只是无论和谁在一起，都会秉承一个原则：坚持做自己，探索属于自己生命的乐趣。89岁时，她将自己精彩纷呈的一生写成随笔自传《暮色将近》，一举斩获科斯塔图书奖。

　　我很认可这样一句话：所谓过情关，不是"忘记"，而是"和解"，是你能带着经历去成长，继续走向更好的自己。不必为逝去的过往而伤神，更无须为任何求之不得的人而苦守纠缠。当我们能借由他人的来与去，看见自己，实现自我的觉醒与成长，那就不辜负这相识一场。

　　英雄气短，儿女情长。爱一个人本身没有错，只是我们需要在世事无常和人心的变幻中学会保护自己。可以真心待人，但不必执着于人。留不住的关系且随它去，唤不回的感情且让它走。宝贵的时间和精力要用来精进自己，过自己喜欢的生活。到那时，你终会发现：跨过情关，天地皆宽。没有人比你自己更重要，无论有没有人爱你，都不会妨碍你做更明媚、恣意的自己。

看透人性的女人能更好地经营感情

你有没有发现这样一个现象：许多结婚多年的夫妻，明明曾经亲密无间，却常常因小事而大动肝火；你唇枪舌剑，我也针锋相对，两者互不相让；到最后，再亲密的关系，也走向分崩离析的结局。很多时候，婚姻出了问题其实是卡在了人性这一关。毕竟，在婚姻中，感情只是表象，人性才是真正的底色。

人心最是多变，人性最是难猜，哪怕是最亲密的关系，也不例外。不要高估感情，看透人性的女人才能经营好婚姻。

01

人性慕强，好的婚姻需要强大自己。

邻居张姐自从生了女儿以后，就一直待在家里照顾孩子。原以为她的日子会过得轻松些，但每次见她，她都苦着脸。因为没有收入，她在家里十分卑微。在家里，什么事她都以丈夫的需求和喜好为先，对方稍微不高兴，她就要低声下气地赔罪。丈夫却对她越来越不满意，每天都故意找碴跟她吵架。如今，张姐整日以泪洗面，被这段婚姻折磨得痛苦不堪。

你越卑微讨好，对方越觉得你廉价。倘若一段婚姻要靠你委曲求全才能维系，那注定无法长久。关系的维系不能靠牺牲和付出，而是要强大自己。

社会学教授沈奕斐曾分享过与丈夫商建刚的故事。两人在学生时代便相识相恋，婚后，沈奕斐没有安心在家当家庭主妇，而是努力地考博士、当教授，主动提升自己。妻子的优秀，不断地吸引着商建刚，让两人的感情越发亲密。结婚20周年时，商建刚对妻子说："这20年，你不断地努力，不断地去更新自己、发展自己，最后超越自己。我觉得你给了我一种惊喜。"

有人说："在一段关系中，对别人再好，也不如对自己好有价值。"人的本性都是慕强的，夫妻之间亦是如此。要明白，人不应只爱自己的影子，或做别人的影子。你只有自己足够强大，才能让别人对你倍加珍惜和尊重。当你懂得把爱自己放在第一位时，你就会有足够的闪光点吸引对方来爱你。

02

人性凉薄，好的婚姻要有感恩的心。

某离婚综艺节目中，有一对夫妻让人看得愤愤不平。

两人结婚多年，家务活全是女方负责。男方不仅不感恩，甚至还理所当然地说："我们男人就是不做家务，这些活都是女人做的！"男方总说自己没有时间做家务，却有大把时间玩游戏。女方不由感慨：自己做的最了不起的事情，就是与男方和平相处了十年。最后，这段关系以离婚收尾。

人性凉薄，常常亏欠别人而不自知。夫妻相处，最怕的就是对伴侣的付出视若无睹。

许多失败的婚姻就是一方默默地忍耐和付出，另一方则理所当然地享受和挑剔。不知感恩的人，迟早会把婚姻里的那点爱意消磨殆尽。

前两天，我又看了一遍电视剧《凡人歌》，那伟和沈琳的感情还是非常触动我。原本事业有成的那伟，接连经历了被辞退、创业失败的挫折。为了照顾家庭，沈琳果断重返职场。她先是通过以前的下属找到一份工作，离职后她又跑去当月嫂。或许别人都觉得这是妻子理所应当做的事，可那伟从不这样认为。他对妻子很是心疼，由衷感恩她为这个家付出的一切。平时只要他在家，他就会处理掉家中所有的琐事，不让妻子操一点心。正是如此，两人的感情不仅没有破裂，反而越来越好。

卡耐基认为，忘恩如同野草，是人的天性。但好的婚姻能克服人性之堕，夫妻相互怀有一颗感恩之心。

所谓恩爱夫妻，是恩在前、爱在后。婚姻的意义就在于两个人彼此心疼、互相感恩，我知你冷暖，你懂我悲欢。

03

人性自私，好的婚姻要互相兜底。

一个作家曾说过："好的婚姻像一片温厚的土地，能让这粒米变成一颗种子，生根发芽，绽放出更好的生命。而坏的婚姻像一潭臭水，会让这粒米沤烂、腐坏，布满细菌，臭不可闻。"尤其在婚姻中，有一类人总把账算得清清楚楚。他可以占你的便宜，但你别想从他身上抠出一分钱。

坦白地讲，自私是人性的本色。很多时候，毁掉一段婚姻的，不是贫穷，而是自私。

电影《婚姻故事》中讲过这样一个故事。

演员妮可初出茅庐，就出演了导演查理的影片。两人一见钟情，很快便进入了婚姻的殿堂。婚后没多久，妮可就生下了儿子亨利，夫妻俩的事业也顺风顺水。可时间久了，查理就逐渐暴露出自私自利的真面目。妮可在事业巅峰时为了查理的工作，去欧洲待了半年没拍戏。而查理却不愿为了妮可的事业耽误自己的时间。不仅如此，他把妻子的钱全然当成了自己的钱，没经过妻子的同意，就要拿她的钱投资自己的戏剧公司。妮可对此失望不已，说："你太习惯自私了，或许你甚至没意识到那是自私。"两人的婚姻也在一天天的蹉跎中，走向了尽头。

我听过一个有趣的比喻：婚姻中的两个人就像两个柔韧的球。有的婚姻充满算计和计较，一方会吸食另一方的能量，久而久之两个球大小不一；而有的婚姻充满了爱意和理解，夫妻愿意包容彼此，拥抱成一个更大的球。自私自利的

人，在婚姻中犹如"巨婴"一般，只知索取从不付出。而幸
福的婚姻要靠两个人共同维系，缺一不可。唯有夫妻之间互
相包容、彼此兜底，才能让感情温暖绵长。

04

人性趋利，好的婚姻要价值对等。

罗曼·罗兰说过："在婚姻中，每个人都要付出代价，
同时也要收回点什么，这是供求规律。"

婚姻关系其实很现实，少不了利益与情感的博弈。

朋友老马和妻子结婚多年，感情一直很融洽。他们家大
大小小的事都是老婆说了算，为此我们常常打趣他是"妻管
严"。直到一次聚会，他忍不住跟我们吐露了一件往事。前
些年，互联网行业刚刚兴起。正好老马在计算机领域沉淀多
年，小有成绩，便打算创业。尽管老马有技术实力，却因为
没有资源，公司一直没有进账。他的妻子随即辞去了工作，
专门为他拉客户、谈合作。在妻子的助力下，公司才逐渐有
所起色。妻子的付出，老马都看在眼里。后来，他们的公司
越做越大，两人的感情也越发亲密。

　　经济学家薛兆丰说过："结婚就是两个人办企业、签合同。"每个人都要提供相应的资源和价值，比如身体价值、美貌价值、经济能力等。两个人，如果价值匹配，哪怕没有了爱情，婚姻也能存续。但如果价值不匹配，哪怕你对对方再好，对方也可能抛弃你。人都是趋利避害的，只有价值对等的关系才能走得长久。

　　毕淑敏曾写道："婚姻并不仅是快乐，是节日，是两情相悦，是生死与共，它还是考验，是煎熬……"婚姻如同一道门，从门外看觉得里头皆是幸福，但穿过门后，许多人才发觉婚姻就是一场人性的较量。说到底，夫妻之间，首先是人，然后才是爱人。顺应人性不是迎合和讨好，更不是过度牺牲，而是建立更舒服的情感体验。当你看透了婚姻的真相，顺应人性过日子，夫妻关系自然会更加幸福长久。

为什么越善良的女性越容易陷入廉价的关系？

01

前两天看到一位网友的故事。某博主去大学室友所在的城市出差，室友到高铁站接她。车站人潮涌动，博主再三确认才敢和室友打招呼。印象中活泼靓丽、明眸皓齿的室友，如今却像换了一副面孔。距离毕业不过十年，她就变得不修边幅、满脸憔悴。交流间，室友不是叹气就是抱怨。直到和室友回家，看到她老公的言行，博主才明白原因何在。博主和室友在厨房忙上忙下，她老公却连孩子也不肯帮忙带，熟视无睹地待在房间里玩游戏。饭菜做好，她老公又挑三拣四，说没一个菜是他爱吃的。博主听得拳头都攥紧了，却不好多说什么。

　　你和谁谈感情，就会受到谁的影响。错的人会不停地消耗你，一点点磨掉你身上的热情和光芒，让你在感情中活得越来越廉价。而对的人，不仅会成为你终身的依傍，还能把你滋养成更好的模样。所以，在感情的选择上，一定要慎重，宁缺毋滥。

<h1 style="text-align:center">02</h1>

　　一个女人应该清醒地意识到：一个只会向你索取钱财的男人，不仅不可能给你所谓的爱，而且会让你深陷财务危机。在网上看到一个陈小姐的故事。她跟蔡先生相识于一场大雨，和所有老套的言情剧的剧情一样：他们在雨中相识，然后互相交换了联系方式。半年后，两人确定了恋爱关系。恋爱期间，蔡先生向陈小姐提出要借一笔钱。陈小姐没多想，不仅把自己辛苦攒下的几万元积蓄借给了男友，还从朋友那里借了一些钱，供男友周转。

　　结果，爱情很快"归零"了，但欠款没有"归零"。陈小姐要不回来那笔钱，只得每个月节衣缩食地还清借朋友的钱。某知名主持人说过一句话："请远离只会伸手向你借钱的男人，这类人不是骗子也是无能鼠辈。"你要明白，轻易借给男人钱，往往唤不起对你的珍视和感恩。对方会觉得你单纯、好拿捏，从而更加轻视你。到最后，你很可能既赔了金钱，又折了尊严。

03

查理·芒格曾在 2023 年巴菲特股东大会上提出这样的忠告：要学会远离那些"有毒"的人和环境，坚持终身学习，充满感激之心。在我看来，感情生活中更要如此。否则，一个糟糕的男人迟早让你失掉所有的风度，变成一个满口恶言的疯子。

电视剧《玫瑰的故事》里，庄国栋和黄亦玫恋爱期间，庄国栋隐瞒了自己要去巴黎工作的事情。黄亦玫知道后又伤心又愤怒，她打电话给庄国栋，让他解释。可庄国栋却斥责她无理取闹，还以工作为由直接挂断了电话。之后，黄亦玫怎么打电话都找不到人，失望、愤怒、委屈统统涌上她的心头。于是，她一通乱砸，将庄国栋的公寓砸得一片狼藉。最后连警察都出动了才把这件事平息下来。从前，知性美丽的黄亦玫绝对不会这样失态，但自从陷入一段糟糕的感情后，她也变成了泼妇。在这世界上，有一种男人就是这样：你歇斯底里，他冷眼旁观；他把你逼疯，又静静地看着你发疯；最后还站在道德的制高点，指责你的情绪不稳定。在现实生活中，如果你遇到了这种男人，千万不要留恋，尽早远离。

我听过这样一句话："在感情的世界里，坏男人让你变成疯子，好男人让你变成孩子。"跟谁在一起真的很重要。当你与能为你赋能、懂你悲欢的人在一起，你会变得满目皆温柔。

04

美国知名心理医生朱迪斯·欧洛芙在接诊过无数病人后，提出了一个观点：很多人在亲密关系中过得痛苦，并非出于自己的原因，而是因为身边有"能量吸血鬼"。什么是"能量吸血鬼"？就是漠视你的情绪，在言语上消耗你、在行为上打压你，吸食你能量的人。和这样的人交往，你再好也会逐渐变得黯淡无光。

心理学家早就通过大脑扫描仪实验发现：负面词句如

"你好笨""你真差劲"等会刺激大脑释放大量的皮质醇。这种激素在面临压力时分泌，可能导致记忆力下降、抑郁等问题。可想而知，在亲密关系中，如果一个人整天在你身边打压你、贬低你，你的状态会变得多么糟糕。

一份坏的关系，不仅消耗你的能量，还会把你的感情、你的生命力、你的动力、你身体的种种机能都一点点耗尽。只有把那些张口闭口都在贬低你的人请出自己的生活，你才能重新活得自信、活得熠熠生辉。

05

我曾经在文章里说到一个观点：你人生的大部分灾难源于与错误的人纠缠。错误的感情看似美丽，实则致命。所以，廉价的关系别维系，该割舍的感情别犹豫，及时远离才是对自己最好的保护。

第四章

职场提升心法

一

把工作当修行，
是成熟女性的职场进阶密码

01

老家一个堂妹毕业后刚工作不久，深夜打电话向我倒苦水。那时她刚失恋不久，又碰上了难缠的客户，于是忍不住跟对方大吵了一架。后来，主管给了她两个选择：上门道歉或立马走人。"是他先欺负人的，凭什么要我道歉？我不干了还不行吗？"愤懑不已的她在电话那头一连抱怨了半小时。

等她情绪平静下来后，我给她讲了我早前在报社工作时发生的两件事。第一件事发生在工作的第三年。有一个我带的新记者写的内容没有经过我审核就发稿了，结果内容出了点小问题。主任当着所有人的面，劈头盖脸地骂了我整整48

分钟。那场景时隔多年我依然记得清清楚楚。那天我绕着单位旁边的湖跑了整整五圈。此后，凡是我经手的稿件，我都要检查两遍以上，一个字一个标点地校对。

还有一次是我刚做主编那会儿，因为有文章临时撤稿，版面"开了天窗"。当时整个办公室急得团团转，我赶紧想了主题，联系了两位资深作者，求人家立刻、马上开写。然后我们一堆人加班校对、排版，忙活到凌晨，终于顺利交付印刷。

很多年后再回想起这两件事，我依然感触很深。你问我委屈吗？当然。新记者工作失误，为什么让我背锅？着急吗？当然。要知道，"开天窗"对报刊来说是绝对不允许的。但我更知道，再委屈、再着急也没用，我要做的是把眼前的事处理好，是用成绩证明自己。

最后，大学毕业时老师送我的一番话被我原封不动地送给了堂妹："在职场，要戒掉你的'玻璃心'和那些无谓的情绪。把活做完，把事情做好，这才是一个职场人的基本素养。"没有一份工作不委屈，女生大多情绪较敏感，如果一直困于情绪的泥潭，就难以获得成长。只有咽下委屈、吞下抱怨，收起情绪的敏锐触角，你才能成长为一个独立、从容的人。

02

身边有很多这样的女生：整天围在一起，不是抱怨老板奇葩、同事性情古怪，就是觉得工作太难、琐事太多。她们日常就是互相倒苦水，却很少去审视自己。很多时候，阻碍我们把事情做好的不是能力，而是心境。

某专栏作家曾谈起自己的前任领导——一个永远优雅、干练的职业女性。不管人在哪里，只要手机一响，领导立刻就能进入工作状态。小到文档的行间距，大到手头的项目，都能处理得一丝不苟。无论多难缠的客户、多棘手的工作，领导总是能应付自如。离职前她曾问领导："您是有多爱这份工作，才能做得这么极致？"领导的回答让她记忆犹新："无所谓热爱不热爱，只要是你的工作，没理由不做好。"

日本某保险公司创始人岩濑大辅毕业后曾先后在知名咨询公司和风投机构任职，最后选择了创业。回顾自己多年的职场生涯，他曾总结出一套"职场三原则"：接手的工作一定要完成；即使只有50分也要赶快提交；没有无聊的工作。

这个世界，时代的风向永远变个不停。那些在各行各业做得出彩的女性通常拥有这些特质：把工作当修行，逢山开路、遇水架桥，越挫越勇。我们都是普通人，工作不一定是自己热爱的，手头的事情也不可能永远都擅长。但职场的残酷规则是：你懒了、怕了、懈怠了，自会有不怕苦、不认怂的人顶上。抱怨不如改变，焦虑不如行动。羡慕别人是职场女强人，不如潜心修炼自己的本事。刁钻的客户和严苛的上司可能是工作中的拦路虎，也可能是个人成长过程中的贵人。

03

有这样一个故事。三个名校毕业生通过校招同时进入一家快速消费品公司做管培生。二十出头的年轻人，正处于渴望做出一番事业的年纪，他们满怀一腔雄心壮志来到公司。但他们却被安排到了最基层的岗位，每天不是去门店帮忙理货，就是干些打杂的活。其中一个人从一开始就有诸多不满，觉得公司没有眼光，大材小用。于是他每天都溜到仓库偷懒、玩手机；干活的时候能出三分力，决不出五分。第二个人倒是什么也没多想，每天把领导交代的事做完，到点就打卡下班。第三个人却干劲十足，每天一早就到店，晚上还要回公司加班。同来的两人都笑他太死板，他们认为这些低技术含量的工作干得再好也没用，熬完两年轮岗期就行了。第三个人无视这些调侃，依旧勤勤恳恳，每天睡前还会坚持学习行业和品牌知识。轮岗结束后，公司进行业务调整，第一个人毫无疑问被裁员了，第二个人依旧是一个基层员工，第三个人因为业务能力突出，被安排接任销售主管。

这些年来，我一直很认同一句话："很多人成不了大器，不是能力不行、机会不够，而是过早地选择了安逸，停止了奔跑。"职场上有两种女性，一种是"大女主"，另一种是"小透明"。很多时候，"小透明"这个角色不是别人给的，而是自己在心里淘汰了自己。把工作当成贩卖时间，一辈子也就只能是个撞钟的和尚、沉默的螺丝钉。把工作当修行的女性会永远学习、永远进步、永远深耕。

看一个女性对待工作的态度就能大致知道她的现状与未来。如果她现在每分每秒都在艰难地努力，那么后面的每一年会越来越容易。倘若她现在每分每秒都在舒适地"躺平"，那么，她就要开始警惕了。因为在她轻视和敷衍工作的同时，工作其实也在默默地抛弃她。

04

工作不是游乐园，而是试炼场，那些遇到的人和事都是你的试炼。一个女性要做的就是遇事修性、遇人修心。你觉得很累很苦的时候，同样也是你成长最快的时候。熬过去再回头看，你会发现自己已经不是过去的那个自己了。

工作观就是一个女人的人生观

美国一名心理学家曾把工作观分为三种：第一种，把工作当"差事"（Job）；第二种，把工作当"职业"（Career）；第三种，把工作看成自己的"使命"（Calling）。一个女性的工作观就是她的人生格局，如果她将工作当差事敷衍，禁锢的就是她的成长之路。

01

许多人把工作当作甩不掉的包袱，所以能偷懒绝对不卖力，能糊弄绝不多下功夫。久而久之，那些得过且过的日子会慢慢变成困住自己的深渊。

一个平面设计师朋友曾长吁短叹地向我讲述她的工作经历。刚毕业时，她在成都的一家电商公司做平面设计师。因为是初创公司，领导要求不严，只要没有大问题，设计基本能一稿过。这就给了她浑水摸鱼的机会。有活干时，她千方百计钻各种空子。如果要画一张活动海报，她就逛逛设计网站，能抄就抄、能改就改，从不会煞费苦心地去研究。如果要给产品设计示意图，她不考究字体、不琢磨元素搭配，随便找一张背景，把产品图往上一贴，小修小补就完事了。没活干时，她就吃东西、刷剧，或者和同事闲聊，从来没想过提升自己的专业技能。

我曾问她："既然有时间，怎么不把任务完成得漂亮一点？"她不以为然地说："瞎凑合就能交差，何必没事找事、费心费力地完成得那么好？"后来，这家公司倒闭了，她不得不另寻出路。她面试了一家大厂，人事让她提供作品集，可是之前工作中那些粗制滥造的作品，她羞于拿出手。

人事给她出了一道题，要求运用几款设计软件绘制一张图。她捉襟见肘，因为以前几乎只用 Photoshop 来设计，其他软件非常生疏。好的公司她够不着门槛，无奈之下，她只能重新找那些设计要求不高的小公司。从她身上可以看出，这就是混日子的结局，混到最后永远只能在小水洼里扑腾。

02

某知名自媒体人早年在航空公司工作。在一次执行飞机起航任务前，他发现有一个航班缺少落地天气报告。于是，他交代副班去落实这份报告，并明确告诉对方，如果没有这份报告，飞机就不能准时起飞，航班行程就会被耽误。

两小时后，他忙完其他工作来询问副班报告落实的进度，副班告诉他气象局的电话打不通，没能联系上。他问副班："联系机场的调度员了吗？让空中交通服务报告室再去问一下。"副班的回答依旧是电话打不通。他强忍着怒火，又问："这是什么时候的事情？""半小时前。"就这样，看着副班愣愣地在原地等消息，他便发火训斥了副班。哪承想副班更恼火，理直气壮地表示自己已经去做了，联系不上也没有办法。担心航班延误，他只能自己多番打听，最终联系到了机场工作人员，拿到天气报告后顺利起飞。

有时候问题并不是无法解决。就像在副班眼里，自己已经做了本分的工作，其余的超出了自己的工作范围。生活中像副班这样的人不可胜数，如提线木偶一样，拨一下动一下。他们只管着自己的一亩三分地，只想拿多少钱出多大力；对于分外的事，就找各种理由开脱。

人最怕变成敲钟的和尚，只看得见眼前的钟，只听得见耳边的钟声。把自己圈在老地方就永远找不到新出路。

03

猎豹移动公司 CEO 傅盛，年轻的时候曾入职周鸿祎创办的公司。有一次开会，周鸿祎嘱咐傅盛一定要做好会议记录。周鸿祎天马行空地讲了许久，傅盛不仅把内容全记下来了，还仔细研究每段话之间有什么联系，整理会议内容直到半夜两三点。第二天一早，周鸿祎的办公桌上就放了一份非常整洁漂亮的会议记录。傅盛把所有口语化的语言变成有重点、有摘要的书面语。几小时的会议内容，清清楚楚地展现在了三五张纸上。从那以后，周鸿祎把所有的会议记录都交给傅盛做。

人就像一把刀，刀刃锋不锋利，完全看你有多用心，看你能否不吝时间，反复打磨自己。为自己打工的女性，她们会把每一份工作、每一次任务都当成一次磨刀的机会。

其实，我们在工作上的付出都是为打开广阔的人生所积攒的资本。没有谁的高薪可以不费吹灰之力就得来。从山脚爬上峰顶没有捷径可走，我们只能豁出命地磨技能、练能力，一步一步地往上走。

04

心理学家武志红讲过一棵苹果树的故事。有一棵苹果树，第一年结了 10 个果子，9 个被摘走，自己只留下 1 个。苹果树愤愤不平，于是自断经脉。第二年它只结了 5 个果子，4 个被摘走，自己也是留下了 1 个。"既然努不努力，结果都差不多，那为何还要努力呢？"它越想越心安理得，结的果子也越来越少，最后被人砍去当柴烧了。

这个故事看似结束了，可它没讲完的部分更令人深思。因为苹果树忘了，它本来还可以继续成长，直到结 50 个果子、100 个果子……那样留给苹果树的果子就会变多了。我们的工作也一样，一时的结果不重要，自己的成长才是最重要的。当你选择"混日子"，选择敷衍工作，其实就是拒绝了长成参天大树的机会。

清醒的女性：一半"内卷"，一半"躺平"

真实的职场，既不是"内卷"的狂潮，也不是"躺平"的沼泽。而最清醒的工作方式，是介于"内卷"与"躺平"之间：一半"内卷"，一半"躺平"。

01

普通人之间的"内卷"一般是和同事竞争，而真正的高手大多是"向内卷"。

第一要"姿态内卷"。工作中，很多人都抱着打工者心态，把公司当炼狱，视工作为酷刑，一天到晚划水摸鱼，耗尽了热情、磨光了技能。实际上，拿工作当差事，你可能一辈子只是个员工；将工作当事业，你才有成就自己的可能。

这个世界会给予一种人大奖，那就是积极、主动、有执行力的人。做事积极主动的人往往更能抓住机遇，有所作为。

第二要"成长内卷"。长篇小说《大江东去》里的宋运辉，大学毕业进入金州化工厂时，只是一名普通工人。办公室的其他同事大多整天过得浑浑噩噩，上班就是泡茶、聊天、看报纸，但宋运辉选择日夜钻研技术。上班时，他积极向厂里的老员工请教经验；下班后，他泡在图书馆学习国外先进技术；晚上回到宿舍，他依然在探究工作上遇到的难题。正因如此，宋运辉很快便成了厂里技能最出色的员工。金州化工厂遭遇危机时，他屡次凭借娴熟的技能化险为夷，让企业渡过了难关。他也从普通员工一步步走到了分厂厂长的位置。

工作，一是为了报酬，二是为了增值。当你让自己变得值钱以后，拿到更丰厚的报酬不过是水到渠成的事情。懂得在工作中投资自我，你才能攒下丰厚的资本和底气。

第三要"思维内卷"。某咨询师的公司招聘了两位新员工：小L和小K。为了测试两人的业务水平，公司安排她们分别组织客户交流会。小L非常努力，网盘存满了资料，办公桌前堆满了工具书，每天都在加班学习。可在宣讲现场，因为她准备的内容枯燥乏味，很多客户中途就离场了。交流会后，签约量寥寥无几。小 K 则完全不同，她没有苦背理论知识，反而花更多时间与业务人员探讨，总结实用经验。她预演了客户可能会提出的问题，并且针对每个问题给出相应的解决方案。为了活跃现场气氛，她还设计了互动环节，成功让客户听完了整场宣讲。她不仅赢得了客户的认可，签约量还很多。最终，小 K 顺利成为市场推广的负责人。

勤奋也是有境界的：低水平的勤奋靠努力，高水平的勤奋靠方法。不要用战术上的勤奋去掩饰战略上的懒惰。无论做什么工作，清醒地思考，认清问题的本质，在方法论上多努力，才能达到事半功倍的效果。

02

很多时候我们以为"躺平"就是"摆烂"，其实不然。真正的"躺平"是在心态上保持足够平和，不敏感、不内耗、不纠缠。换句话说，工作上的"躺平"是及时叫停正在消耗自己的事，把精力放在有价值的事情上。

一是我们要"心态躺平"。真正让你感到累的，不是工作本身，而是你的心态。"心态躺平"是学会屏蔽外界的干扰。

作家渡边淳一曾在札幌大学附属医院当过多年整形外科医生。科主任是一位非常严厉的教授，作为教授的第一助手，S医生被他训斥得最多。每次被教授训斥时，S医生都会一成不变地轻轻回复两声"是，是"。事后，S医生回到医疗部一边工作，一边轻松地和同事聊天，仿佛一切不愉快从未发生过。后来S医生稳扎稳打，成了医疗部最出色的外科医生。

心态的"态"字拆解开来看，就是心大一点。人在职场，压力常有、困顿常有、委屈常有。凡事都往心里去，只会陷入精神内耗，工作也难以开展。心灵上脱敏，钝感一点、皮实一点，才能在职场上走得更远。

二是"社交躺平"。某著名企业顾问刚参加工作时，为了合群，同事组织的各种饭局他都会参加。但在内心深处，他非常抵触这种应酬。做心理咨询师的父亲给他提建议说："与其逼自己合群，不如逼自己成长。"从那以后，他把时间花在钻研业务上。当他一个人能创造三个人的价值时，他被提拔为部门领导。那时他才发现，同事会不会孤立他已经不重要了。事实也是如此，大家非但没有排挤他，反而对他客客气气。

很多时候你以为你十分合群，其实只是被平庸同化了。工作不是为了让别人爱上你、喜欢你，你来工作是为了让别人尊重你。别人尊重你的原因是你的专业知识，以及你为组织、为业务带来的贡献。与其掉进伪合群的陷阱里，不如在安静的时光中强大自身。当你站上更高的舞台，哪怕远离人群，你也能收获满堂喝彩。

三是"对烂事躺平"。埃米·卡迪在 TED 演讲时说，只有摆出"高能量姿势"的职场人才能赢到最后。能量是非常宝贵的资源，不要在"烂人烂事"上消耗自己的能量。

主持人王小骞讲过自己在某电视台实习时的一段经历。按照学校规定，她必须在毕业前录制一档节目。为了节目能顺利录制，王小骞提前做足了准备，熬夜加了很多天的班。然而等到录像当天，她走进演播室时才发现，自己的节目已经被另一个女主持人录完了。为了防止她再次录像，这个女主持人在演播室待了足足两个半小时，到了下班时才起身离开。女主持人在经过她时，还故意露出一个轻蔑的眼神。虽然很委屈，也很愤怒，但王小骞并没有过多纠缠，而是更加卖力地工作，提升自己的主持技能。毕业后，王小骞顺利得到了中央电视台的工作机会。

工作中，我们总会遇到"烂人烂事"，你每花一分精力在这些人和这些事上，就少一分精力去提升自己。有条不紊地工作、不动声色地成长，好运自然会不期而至。

女性职场大智慧：皮糙肉厚，又笨又稳

01

我刚开始创业时招聘了两个编辑。其中，男孩是名校毕业，才华横溢，履历也十分优秀，我对他期待很高；女孩非科班出身，虽然对文学很热爱，但资质只能算得上平平。然而后来两人的际遇变化可谓天翻地覆。

一次，男生因为粗心大意将一篇未审核的文章发布出去了，文中的一个重要数据弄错了，给公司造成了不小的负面影响。我扣除了他当月的奖金，并在会议上严厉地批评了他。没想到那个男生直接拍桌而起，情绪激动地为自己辩解、开脱。考虑到他年轻气盛，我并未在意，仍旧对他寄予厚望。可后来我发现，他工作中情绪化特别严重。文章写得不好被否决，他直接破防；客户不通过他的文案，他牢骚满腹；我有意让他管理团队，他认为我在给他增加工作量，直接提了辞职。

说回那个女生，刚开始写文章的时候，她总是错漏百出，我常常对她一顿痛批。其他编辑遇到这种情况，不是害怕，就是委屈，而她的情绪却丝毫不受影响。她反而会附和我说："我也觉得我写得很差，你帮我看看还有没有修改的空间。"听到这话，我顿时没了脾气，就耐下心指导她。被说十次，她能修改十一次，直到文章的质量过关。

几个月之后，她就从一个小白成长为一个成熟的作者。后来我尝试让她独立负责一个账号，她不仅要写文章，还要负责推送文章、培训新人……那段时间她挨了最多的骂，流了最多的泪，熬着最晚的夜。但她很快成长为一个成熟的管理者，后来她一路过关斩将成了公司的高管。

在职场上，哪有人不受委屈。如果一个人需要被领导呵护、同事忍让，那这样的人不仅难堪大任，自己也很难获得成长。

畅销书《反脆弱》的作者塔勒布曾提到两种人：第一种人像玻璃球，遇到挫折，掉到地上，就会摔得粉身碎骨；第二种人像橡胶球，摔到地上不仅不会坏，反而弹得更高。前者会在痛苦的打击下一蹶不振，后者却能在困难的反复搓磨中变得韧性十足。皮糙肉厚的人终能尝到成长的甜头，而那些"玻璃心"的人，注定会趴在地上吃玻璃碴子。

02

前段时间，刚走入职场的侄女深夜给我打电话，大吐苦水。"其他新入职的员工都很轻松，就我干的活最多。""有的东西我还没学过，领导就安排我去做，这不是为难我吗？"我没有急着给她讲大道理，而是给她讲了两个人的故事。

作家刘同毕业后在一家电视台工作，和他一起入职的毕业生有近十位。但刘同发现，他每天忙着拍摄、写策划，一天要工作近 15 小时，而其他人都在变着法地摸鱼，每天干活的时间不超过 6 小时。

他心里很不平衡，向朋友吐槽："大家都拿一样的工资，凭什么就我在努力工作？"朋友听了却说："这么想就错了，其实工作只有那么多，你们是竞争的关系。你做得越多，得到的锻炼就越多，最终收获的经验与成长也就越多。其实是你抢了人家的机会啊！"朋友这一番话让他如梦初醒，从那时起他不再计较，一心扑在工作上。几年后，同期那些应聘者还在原地打转时，刘同却一步步成长为公司副总裁。

作家冯唐从埃默里大学毕业后，进入麦肯锡咨询公司工作。当时麦肯锡咨询公司中国区刚起步，全公司只有二十来人。公司分工不明确，制定战略、调整流程、培训员工，他事事都得参与。他既要负责制药、医疗业务，又要接触石油、计费系统等行业。每天疲于应对的他，起初也是抱怨连连，还想过一走了之。可慢慢地他发现自己的管理、运营、培训、销售技能都得到了锻炼，一个人甚至顶得上一支队伍。仅 6 年时间，他就成了麦肯锡的董事合伙人。

接触过很多大佬，也见过很多员工后，我发现：有些人的职场之路越来越窄，并非能力不行、智商不够，恰恰是因为太过聪明，把分内的事和分外的事拎得清清楚楚，把自己的事和别人的事分得明明白白。当你在边界内做事，就相当于以自己的能力为半径画了一个圈，将自己困于其中。

03

我们公司的人力资源总监曾问我："你最看重候选人的

哪一项能力？"我说："能力是可以培养的，但人格不成熟的人管理风险是很大的。"所谓成熟的人格就是能为自己的情绪负责，也能为自己的成长负责。

职场上你一定见过这样的人：领导的一句批评就让他的自尊心受挫，同事的一个眼神就在他心里掀起波澜，工作上的一个问题就让他抱怨连天。把时间都花在内耗上，哪还有时间去成长呢？要知道，领导的时间很宝贵，他真没时间去哄你；同事也都很忙，没时间讨厌你。

《权力的游戏》里有句话："狮子从不在意绵羊的看法。"工作受挫，及时改进，别消极；遇到"烂人"，删除拉黑，别理会。你每多花一分精力去维护自己的尊严，就少了一分精力去提升自己的能力。你每多花一分钟沉浸在自怜的情绪里，就少了一分钟来解决实际问题。请关掉灵敏的情绪雷达，去伸展自己的能力触角。

04

职场有两种人：一种是消耗型，另一种是成长型。前者自尊心太强，姿态放得太高，听不得难听的话，也不屑于做寻常的工作。他们消耗的是自己的能量和成长的机会。后者却能始终保持初学者的姿态，永远皮糙肉厚，永远又稳又笨。他们提升的是自己的能力和格局。既然工作无法逃避，何不选择成为后者，让工作成为滋养自己的沃土？

一个成熟女人的职场观：少求安慰，多求成长

我在北京当记者时，有一个关系颇好的同事，我主要报道财经新闻，她主要报道医疗新闻。有一次，同事为了写一篇关于医患关系的稿子，走访了很多医院。她调查时颇为困难，甚至被医生直接轰出办公室，或被患者怒骂一顿。

同事费了好大功夫才把稿子写完交给领导。当晚，领导怒气冲冲地拨了一个电话给她，把稿子从标题到内容都奚落了一顿。这不是她第一次被骂了。错了就挨骂，对了没赞赏，她越想越觉得待在这个单位没意思，于是直接卷铺盖走人了。之后，她在各家报社兜兜转转，每次辞职的理由都是嫌弃单位没有人情味。辗转了几年，她也没混出什么名堂来。

为什么说起这件往事呢？因为我发现，有一些人喜欢用情绪价值来评判一份工作。但是他们忘了，没有一家公司

有义务哄着你开心。说实话，我在报社时，也挨了领导不少
的骂。他骂得不对时，我当是耳边风；骂得有道理时，我就
接受——在我看来，挨一次骂换一次成长，不亏。所谓情绪
价值，没有是正常的，有是惊喜。职场就是修炼场，多谈价
值，少谈情绪。

01

最近，网络上流行一个词，叫作"职场巨婴"。所谓
"职场巨婴"就是指一个人在生理上明明已经成年，但在思
想上却始终像襁褓中的婴儿一样，需要被领导呵护着、同事
忍让着。事实上，很多人会有这种不成熟的职场心态。

我认识一位在圈内颇为知名的剪辑师。她毕业后入职了
一家影视工作室，负责剪辑各种宣传片、广告创意片。有一
次在熬夜剪辑视频时，老板突然发来信息把她一顿狠批，说
她工作不用心，视频剪得乱七八糟。她当时心态就崩了，立
马写了一大段话反驳，说自己的工作有多难，说自己经常通
宵达旦赶任务。她一边写，一边在心里抱怨：上次我剪的片
子让客户如此满意，老板你怎么没有表扬我？我一个人揽下

那么多活，老板你怎么没有好言安慰一下？她越想越委屈，第二天直接撂挑子走人了。

后来，她又在职场摸爬滚打了几年，把这件事翻出来重新审视了一下。她这样总结反省道："老板没有安慰你、逗你开心的义务，你也没有索取情绪价值的权利。"工作就只是工作，只有好与坏。现在再遇到类似情况，她只会回复："我会反思最近的问题，尽快调整。"

公司不是家，你与其消耗精力，纠结于公司给你提供了多少情绪价值，不如珍惜时间，踏踏实实地把事情做好。置顶成长价值，置后情绪价值，这才是一个成熟的人该有的工作观。

02

我非常认同一句话："你来工作是为了赚钱，不是来交朋友的。"朋友靠感情维系，同事大多靠利益联结。

一位影视编剧在社交平台上写过她的一次经历。她有一次写剧本，被自己的文字感动得稀里哗啦，她以为剧本能在甲方那边顺利地一稿过。没想到，她迎来的不是甲方的称赞，而是一顿狠批。甲方措辞激烈地说她能力不够，叙事一塌糊涂，情节太过老套。被批评得一无是处，当时她的内心直接崩溃。她在小群里大吐苦水。这个小群里的同事私下关系颇好，但一个上午过去了，没人出来安慰她一句。她以为大家没注意群消息，又挨个去私聊。让她伤心的是，有人只是发了表情包敷衍了一下；有人说"正忙着，待会说"，后面就没有下文了。她对此郁郁寡欢许久，心里一直想着：同事为什么对自己毫不关心？然后她完全没有心思去写剧本了。

职场中人们常见的误区之一就是把同事当知己。你掏心掏肺地跟同事诉衷肠，通常换来的是漠不关心。说到底，我们在工作中只能自渡，要学会收起软弱、藏好委屈。

其实，要求别人处处照顾自己的情绪的人往往是弱者。真正的强者懂得调换掌控者模式，在哪个坑跌倒了自己就从哪里爬起来，在哪里犯错自己就从哪里弥补回来。

03

没有一份工作不折磨人，每个人都在孤军奋战，无暇理会别人。治愈你的委屈的从来不是领导或同事的安慰，而是你自己的实力。

一位企业家曾讲过这样一个故事：她当年招的第一批大学生，总共有 30 多人，但最终留下来的只有两人。其中有个女生跟着她几年，已经成为一个优秀的咨询顾问，远超很多同龄人。为什么呢？主要是因为她能自我消化情绪。这个女生刚进公司时，各项能力都不是很突出，连 PPT 都不会写。有一次和客户开完会，她从下午开始写 PPT，写了好几个版本，老板都不满意。写到凌晨三点，她的 PPT 依旧不符合要求。女生没有埋怨老板怎么那么不近人情，也没有奢求老板给她开绿灯，而是埋头一直改，最终交了一份让老板满意的 PPT。这样的心态，使她成了同一批人中成长最快的人，老板也对她青睐有加。

这就是职场情绪价值的真相：你干得有多差，就得受多少冷眼；你完成得有多漂亮，就能收到多少笑脸。无论做什么工作，没有无缘无故的夸奖，也没有事出无因的吹捧。停止索取情绪价值是一个人强大的开始。

我们的许多烦恼是因为在人与事之间选错了方向。事在人先，问题来了就处理问题，被批评了就反躬自省。当你把工作做到位了，领导和同事自然会对你温柔以待。

04

美国奈飞公司有一条非常出名的文化原则：我们只招成年人。什么意思呢？就是职场不招"巨婴"，别奢望你一不开心，就有人来哄你。你所有的委屈和不满都得自己默不作声地消化掉。工作那么多年，我越发觉得职场有时就像无情的修罗场。一个人要想混出个名堂就得明白：情绪价值是虚的，自我价值才是实的。

聪明的女性，从不活在老板的嘴里

一个女孩曾请教一个职场博主："老板的批评让我一度痛苦不堪，是否要离职？"博主当即说："你上班要在乎的不是老板的评价。"说白了，工作的目的要么是养家糊口，要么是提升自我价值。永远别在谋生的地方寻求认可。真正聪明的人从不会活在老板的嘴里。

01

一位媒体人刚参加工作时，遇到一个特别喜欢挑刺的老板。每次她交上去的策划案，老板只瞥了几眼，就回复说写得太烂，然后指出一堆可有可无的问题。一个简单的策划案来来回回要修改一个星期。那时，她总想得到老板的认可，对于老板指出的问题，她都想办法落实解决。结果，她每天都被工作折腾得筋疲力竭，却总得不到老板的认可。时间久了，她不禁开始对自己的工作能力产生了怀疑，做事总是畏畏缩缩，工作效率也大打折扣。犹豫再三，她还是选择了离职。

不知大家有没有发现，当你把心思都放在老板的评价上时，你往往会身心俱疲，最后却一无所获。太在意老板的话只会给你增添不必要的压力。这样到头来不仅束缚了自身的成长，还容易让你陷入两难的境地。

刚成立公司的时候，我和一家公司合作做项目，当时的对接人是合作方的小 A。这个项目从一开始就纰漏百出，十分磨人。突然有一天，小 A 给我发消息说自己离职了。了解一番后，我才得知：原来小 A 加入公司后，老板对她期望很高，所以项目一出现问题，他便对小 A 劈头盖脸一顿批评。老板本意是想让她快速成长起来，所以才对她那么严格。没想到她太在乎老板的评价，先受不住委屈离职了。

其实人生在世，被批评是多么正常的事。比起别人的评价，更重要的是我们对自己的看法。当你屏蔽掉老板的目光，把精力放在工作上，就会发现工作其实很简单。

02

这世上，没有一份工作是容易做的，没有一分钱是容易赚的。成熟的职场人应早早戒掉"玻璃心"，练就不锈钢一般的体质。对老板言过其实的批评，不入耳、不入心，这反倒会让你成长飞速。一个人的价值从不在别人的嘴里，而在他所做的事中。捂紧耳朵，把工作做好，这才是成年人最清醒的选择。

这个世界并不掌握在那些嘲笑者手中，而恰恰掌握在能够经受住嘲笑与批评，且仍不断往前走的人手中。世界上的一切人和事都是来磨炼你的。懂得在工作中让自己增值才是成年人真正的远见。

动画导演郭斯特曾讲过这样一句话："成长就是把'玻璃心'打磨成钻石心的过程。"工作本身就是一场修行，不要为了老板的脾气消耗自己，让自己强大才是正解。

《格局》一书中的陈冰也有相似的经历。陈冰的老板曾是某互联网大厂的技术专家，能力很强，就是爱奚落人。一次，陈冰去请教问题，对方上来就骂："这个问题难吗？你以前是怎么毕业的？"

　　面对数落，陈冰只是虚心地低头听他讲解。后来一次技术迭代会，老板给大家讲了几个技术难点。所有人听得一头雾水，但没人敢找老板深究，只有陈冰主动向他请教问题。果不其然，老板又批评了他一顿，说他态度不认真。陈冰也不把他的话放在心上，只低头称是，然后请老板讲得再详细一些。就这样，陈冰的技术能力突飞猛进，不到一年就晋升为主管。

　　在职场中游刃有余的人往往都把老板的批评当作成长的进阶石。因为他们明白，在实力分高低的社会，提升自己才是王道。学会在工作中修炼、在批评中成长，你就能跑赢大多数人了。

03

　　我们要想在职场中走得更长远，就要在一次次磨炼中越来越强大。无意义的评价，少听；有价值的工作，多做。假以时日，你定会在脚踏实地中实现自我价值。

永远不要评价你的同事

在一次演讲中，有人问俞敏洪初入职场时应该注意什么。他斩钉截铁地说："在人前人后，不要去评价任何一个同事……（你对同事的议论）有 90% 的可能性会通过各种方式传到你所针对的那个人那儿去。最后你就不自觉地卷入乌烟瘴气的办公室斗争中。"我们都应该记住：有人的地方就有江湖，你口中带刺的话语是中伤别人、反噬自己的利剑。这世上根本没有秘密，管住嘴巴才是王道。

01

某企业家曾面试过一个年轻人。这个年轻人名校毕业，能力十分出众，可最后，他却被第一个淘汰掉。因为面试中，企业家问了他一个问题："如果你的导师毙掉了你的论文，你会怎么处理？"没想到年轻人马上开始声讨自己的导师，说导师如何公报私仇、压榨学生、浪费教学资源……企业家又问："你真的了解你的导师吗？"这次年轻人嘀咕了两声，不再说话。企业家很失望，待年轻人走后，他对 HR 说："他第一时间不是解决问题，而是评价自己的老师。将来工作后，一旦和同事产生摩擦，他也会如此。"

在生活中，我们时常也像这位毕业生一样，急于为自己争辩，有意回避事情的真相。但要知道，开弓没有回头箭，话一出口便再无回旋的余地。在工作中对他人妄加评论，只会令人觉得你幼稚、不可靠。

工作时，我们时常遇到习惯对他人妄加评论的人。他们以偏概全，眼睛只盯着他人的短处，没有耐心深入了解他人，只为了抓住时机彰显自己。这样做不仅容易得罪人，还暴露了他们的短见与狭隘。

在社会上经历得越多，你会越明白世界的复杂。别急着表达自己的见解，你的判断未必准确；也不要随便评价别人，你的结论很可能失之偏颇。成大事者要善于冷静地观察，稳不住心性的人才急于指手画脚。

02

在工作中，谁都会遇到不可理喻的人、义愤填膺的事，若一味声讨别人，最后狼狈的可能是我们自己。

一次好友聚会，我的一个朋友分享了自己初入职场时的遭遇，让我感慨良多。

那时候她刚入职公司没多久，在一次执行项目时，她出于好意指出了同事工作中的差错，没想到这位同事非但不领情，还跑到领导面前诬陷她搞不正当竞争。结果，她和同事一起受了处分。她感慨道："对于人品低劣的同事，千万不要评价。"与狗抢路，跑赢了也满身灰尘；同"烂人"讲理，说对了也占不到便宜。

在工作中，心胸越狭隘的人越在意外界的评价。哪怕你出于好意，你的忠言也不受欢迎。有时候，你说得越多，对方越忌恨；你说得越对，别人越反感。最终，明明错不在你，你却成了别人的眼中钉。

"高飞的鸟儿，何必与笼中的同类争噪，你自有自己的天空。"与小人论长短，论到最后，只会把自己拖入泥潭，变得狼狈不堪。克制说话欲是一种难得的自律，也是一种自我保护。

03

有一位网友曾分享过自己的经历。她刚入行时,被分到了秘书团队实习,跟领导接触多,与公司各部门也多有交集。因此,她能第一时间获知不少内幕消息和同事的工作动态。不少狡猾的老同事瞅准了她社会经验不足,时常凑过去套她的话:不是打听谁和领导走得近,就是引导她对竞争对手进行负面评价。一番打探下来,"老狐狸"们会假惺惺地夸赞她几句。没想到这些话在不久后给她带来不少麻烦。

有人向领导投诉她,说她泄露商业机密,打乱了工作安排;有人当面和她起冲突,说她根本没有资格站在这里说话。实习期过了,她的工作亮点一个也没有,却惹了一身麻烦。领导见她是名校高才生,破例留下了她,但也严肃地警告她说:"干工作,把嘴巴闭上!"从那以后,她痛定思痛,全身心投入工作,再也不评价任何人,慢慢做到了公司的中层。如果有新人向她请教职场经验,她说得最多的一句话就是:"能不说的话尽量不说,能多做的事尽量多做。"

把说话的工夫用在行动上，我们能屏蔽干扰，沉下心来做好手头的事。稻盛和夫很佩服一个只有初中学历的煤炉工。这个工人笨嘴拙舌，从不参与同事间的任何聊天，整天默不作声地烧煤炉。但十几年后，他却凭借这份踏实，当上了事业部长，还深受员工敬爱。稻盛和夫感慨道："原来踏踏实实干活也能成就一个人。"

庸者喧嚣，智者寡言。在工作中想要有所作为，就要及时从纷争中抽身，让自己在事情上去历练。不必为不值得的人浪费时间，更不必为没意义的事争论不休。与喧嚣保持距离，不要成为圈子里制造话题的人。

人生本就是一场无声的修行，用眼睛学做事，用嘴巴学做人。能走远路的永远是那些安静沉稳的人。

女性最好的保养方法，就是好好工作

社交平台上有一个提问："事业对于女性有多重要？"我喜欢的一个答案是："一份可靠的工作是对女性最大的庇护，也是最好的保养品。"这世上谁都有可能离开你，唯有工作不会辜负你。

工作带来的自律是对女人身体最好的调理，工作带来的自信是对女人心灵最好的滋补。好好上班，让自己口袋里有钱、形象有光、心里有底，你自会无惧岁月。

01

我们常说，形象要走在能力前面。要想从人群中脱颖而出，得体的外表是无法替代的软实力之一。但你会发现，当一个人长期不上班，缺少了与外界的联系，他对生活的态度就会变得颓丧。这体现在形象上，就是一种懒散邋遢的状态。

　　我的一位朋友之前因为女儿太小需要照顾，就辞职回归了家庭。去年女儿终于上小学了，原以为她可以过得轻松一点，有时间好好打理自己了，但她却表示，虽然有了大把的空闲时间，但她一个人还是不知道能去哪，想逛街也不知道能找谁一起去。于是她还是不修边幅，天天在家披头散发、穿着睡衣，有时连换衣服出门都嫌麻烦。

　　直到有一次，她先生的公司组织员工活动，要求带家属参加。她的先生特地提醒她要穿得好看一点。可胖了十来斤的她翻遍了衣橱，连一件合适的衣服都找不到。后来好不容易鼓足勇气去参加了活动，和那些精心打扮过的职业女性一比，她能感受到的只有巨大的落差与自卑。

　　从那天起，她就意识到自己不能继续在家闷下去了，否则迟早会被社会抛弃。现在的她已重返职场半年多，与之前相比整个人焕然一新，变瘦了，也变美了。朋友说自己并没有刻意减肥，就是生活有序，不胡吃海塞，人慢慢就恢复了紧实。至于穿衣打扮方面，在工作环境下，不用别人提醒，自己就会越来越注意形象。

　　工作，从来不是为了别人，而是为了自己。当你坚持内外兼修，以良好的状态迎接每一天，你所彰显的不仅是职业素养，更是生活态度。认真对待工作，做好形象管理，人生也会因你的自律而变得熠熠生辉。

02

　　如果你不想放任自己衰老，那么该拿什么来抵抗岁月？我的建议是好好上班。人闲则废，忙碌是激发一个人活力与潜能的最好方式之一。

　　在日本，有一位名叫玉置泰子的女职员。玉置泰子出生于 1930 年，年轻时入职日本一家螺丝制造企业，一干就是几十年。每天出门上班前，她有个雷打不动的习惯，就是五点半起床后，练习瑜伽半小时。她锻炼的目的也很简单，就是保持体力，调整好精神状态，以迎接新的一天。

　　现在 90 多岁高龄的她，做起事来毫不逊色于年轻同事，反而因具备丰富的经验而更令人信任。每当有人问她打算什么时候退休时，她的回答都只有一句话：“只要能工作，我就会永远努力！”玉置泰子的敬业精神令人敬佩，但到了耄耋之年仍能如此精神矍铄，无疑也要归功于她对工作持久的热爱和长久自律的生活习惯。

常有人认为，每天工作太辛苦，只有不上班、多休息，才有益于健康。事实却不尽然。密歇根大学的研究小组，通过分析美国 50 岁以上成年人长达 27 年的健康与退休研究数据，得到的结论是，那些拥有生活目标的人往往寿命更长。很多时候，压力即动力。人在工作目标的驱使下，意志力会变得更强，表现在身心上，就是作息更规律、行动更高效。

宋美龄曾在日记中总结长寿之道：工作，是半个生命，越忙越有精神；人要年轻，要健康，就要积极参加工作。正所谓，身勤则强，逸则病。对于能在工作中找到乐趣的人而言，劳作从来不是负担，而是能治百病的良药。让自己有事可忙，保持积极昂扬的状态，体验充实丰富的生活，生命之树方能常青不败。

03

都说女人一生所求不过温暖与良人，然而等你有了复杂的人生经历，你就会发现：除了自己，谁也靠不住；那把遮风挡雨的伞，始终要握在自己手里。某女演员婚后当过多年的全职太太，那时她想着，只要全心全意照顾好家庭，自己就能过得幸福。结果却是，每天忙于重复琐碎的家务，然后数着时间等丈夫下班。更糟的是，丈夫不仅对她的等待视而不见，还时常指责她除了带孩子什么也不会。在压抑情绪的笼罩下，原本开朗的她渐渐迷失了自我，变得越发自卑。

一次，丈夫带她去日本旅游，她提出想吃抹茶冰激凌，却遭到对方一顿冷嘲热讽，而她自己又身无分文，只能委屈作罢。在那之后，她幡然醒悟，毅然选择离开婚姻的围城，带着孩子复出演戏，重启事业。刚开始的时候，她接到的只是一些小角色，好在她从不气馁，反而更加专注于打磨演技。

功夫不负有心人，她在专业上所付出的努力并没有白费。凭借对一个个角色精彩的演绎，她从一个失婚女性逐步逆袭成为中年女演员中的"顶流"。事业上的成就也让她一扫阴霾，整个人脱胎换骨，举手投足间又找回了自信。很多人感叹，她这是经历了堪比整容的离婚。

在工作中，我们所赚取到的不仅是经济上的独立自主权，更是自我的价值感和成就感。对女性而言，尤其如此。

正如鸟的自信不是来自树枝不会折，而是自己有翅膀，人也需要一份能给自己撑腰的事业。坚定职业目标并为之不懈奋斗，打造好你的技能，这是一个女人活得漂亮的底气。

04

女人这一生，没有永远的庇护所，只有自己才是永远的避风港。与其总是被生活裹挟着前行，不如学会主动出击，为自己身披铠甲。珍惜工作，好好上班，提升赚钱的能力，修炼强大的内心。当你能用自己的双手与智慧创造价值，你才能因此获得选择人生、活出精彩的权利。

自我关爱心法

一

人生只有一次，请好好爱自己

01

曾在网上看过一个问题：什么样的人生才值得一过？高赞回答只有三个字：不将就。生活怎么过，其实都是自己选的。一个人最好的生活态度从来不是将就度日，而是自己成全自己。从现在开始，面对糟糕的感情，请及时止损吧。宁可孤独，也不违心；宁可抱憾，也不将就。就像张爱玲，曾为胡兰成卑微到了尘埃里，数年时光错付，她最终决然离开。也像李清照，再嫁后发现丈夫品行低下便毅然结束婚姻，不让自己在将就中蹉跎岁月。

在成年人的世界里，没有谁离不开谁。与其苦苦寻找可以栖息的枝叶，不如自己活成大树，坦荡且坚强。如果对当下的生活不满意，就努力去改变。从现在开始，告别那个浑浑噩噩度日的自己，开始认真地生活——认真吃饭、认真阅读、认真运动。

保持充沛的精力、健康的身体，耐心与世事周旋。为自己找一个爱好，如喝茶、钓鱼、种花等；为自己找一个目标，如读书、考证、学习职业技能等，让以后的日子变得充实、有趣。作家林清玄曾说："真正的生活质量，是回到自我，清楚衡量自己的能力与条件，在这有限的条件下追求最好的事物与生活。"

无论在什么年纪，你都要听从自己的心意，灿烂地活。对感情不凑合，对生活不将就。对自己温柔，活出生活的质感，你才能与美好不期而遇。

02

随着年龄的增长，你会发现自己突然变得"冷淡"起来。想想以前的生活，你总是考虑这个人的想法，照顾那个人的感受，担心朋友对自己不满意，所以宁可一次次违背自己的意愿，去满足别人的需求。因为担心伴侣会离自己而去，你压抑住内心的感受，总是想方设法讨好对方。你处处忍让，将舒适都给了别人，原以为能换回体谅与感激。然而，你越忍让，别人越不把你当回事。

经历了太多失望、积攒了太多委屈后我们方才明白：这个世界上真的没有谁值得你低眉。与其一味迁就别人，不如取悦自己。

诗人余秀华遇人不淑，经历数次情伤，最终学会将期待放在自己身上。她回到乡间田园，看书写诗、听风看云，寻到了内心的自足与平和。

不卑不亢地向着自己喜欢的一切靠近是一种态度和底气。不要刻意去迎合谁，也不要无原则地惯着谁了，这世间最值得取悦的人永远是你自己。

03

很多人有一个错觉，就是以为所有事情都会有好的结果，所有感情都能到白首。可事实上，有多少人为了执念倾其所有，不撞南墙不回头，最终两手空空。

过去的岁月，你是否经历过许多不如意的时刻？或许是经历离散，那些愤懑与不甘曾令你在黑夜里无声痛哭。抑或你付出了许多努力却偏偏事与愿违。事不能强求，人无法强留。得不到的东西，你踮着脚去抓也未必能如愿。留不住的人，注定会成为人潮里陌生的背影。别纠缠、别回头、别懊恼，努力过就没有遗憾，许多事不用时刻挂在心上。

苏东坡讲过一句话："胜固欣然，败亦可喜。"所有经历，都是阅历，与其苦苦揪着往事与遗憾不放，不如从容看待聚散得失，让爱恨随风而去。于感情：爱是真的，消磨也是真的，如果不能相濡以沫，那就各自欢喜。于人生：在因上努力，在果上随缘，得之坦然，失之泰然。余生，请别在执念里苦耗，也别为过去沉沦。要相信上天给你的都是最好的安排。以平常心应对无常事，失去的都是风景，留下的才是人生。

女性爱自己的七个层次

何谓爱自己？曾看过一个很好的答案："不讨好他人，不取悦世界，不纠结过往，不空等明天。"被爱是福分，自爱是本分。如果爱自己也是分层次的，那么它至少可以分为七层。看看你在哪一层。

01

第一层：照顾自己。

你是否还在敷衍地生活？年前办的健身卡，是否因为无数次懒惰拖延落了灰；冰箱里的食材，是否因为没时间烹饪而变质；立下早睡的目标，每天躺在床上后是否因脑子里全是未完成的工作而辗转反侧、难以入眠？生活裹挟着我们飞速向前，胡吃海喝、报复性"躺平"、熬夜成了家常便饭。

但亏待自己久了，身体就会找你算账。体检报告上的异常指标都是健康亮起的红灯。身体的各种小不适、突如其来的病痛，这些都是在提醒你：没有了健康，一切美好与价值都无所附丽。

很多时候，我们觉得爱自己是一个宏大的命题，但诚如一首诗中写的："当我真正开始爱自己，我开始远离一切不健康的东西。"照顾好自己的身体，戒掉不健康的生活方式，这是爱自己的基础。

好好爱自己，工作再忙也别敷衍三餐，生活再累也别怠慢了睡眠。累了，就停下来放松一下，给自己一点喘息的空间；病了，就不要硬扛着、死撑着，吃完药好好睡上一觉；难过时，不要委屈自己，痛痛快快地大哭一场，好好发泄。这个世界上，唯有自己能给自己永久的陪伴。身体健康才有充沛的精力与世事周旋，保持愉悦的心情才能与美好不期而遇。

02

第二层：接纳自己。

在信息过载的时代，网络上充斥着无数声音：小脸、大眼睛、凹凸有致的身材才是美，名校毕业、工作稳定才是成功，开豪车、住豪宅才能幸福……外界的声音很容易让我们陷入容貌焦虑、学历焦虑、收入焦虑。于是加班加点却始终无法涨薪的你，在心里认定自己是个失败的人；花了许多力气，却始终达不到别人的高度，所以你开始持续内耗、自我攻击……

其实大可不必。幸福与成功没有统一的定义，你也不必按别人的标准打造自己。你的小雀斑、你的法令纹，通通构成了独一无二的你。你的小挫折、你的胜负欲，都是你人生独特的经历。

从今天起，把这段话当成座右铭：我可以温柔乖巧，也可以特立独行；我可以是任何一种样子，但我永远是我自己。余下的日子，请你敞开怀抱接纳自己，毫不吝啬地夸赞自己，自由自在、自足自洽地将平凡的日子咂摸出诗意。

03

第三层：取悦自己。

曾经的你是否总在卑微地迎合，期待得到别人的认可？又是否活在别人制定的规则里，小心翼翼戴着面具生活？过去的日子里，我们都在考虑这个、顾及那个，偏偏忘了自己，到头来没有博得别人丝毫的好感，自己却落得身心俱疲、满腹委屈。

很喜欢《她们走上法庭》中的一句话："不管什么时候，一定要喜欢自己，喜欢到自己身上开满了花。"

在取悦自己这件事上不遗余力是爱自己的第三个层次。不要因别人的偏见放弃自己的喜好，也不要因为别人的期待牺牲自己的热爱。你要去见让你开心的朋友，去爱不会让你流泪的人，去完成不论大小的梦想。生活应该是美好温柔的，你也是。再平凡，也不要败给岁月；再忙碌，也不要辜负生活。愿你余生心里装着小太阳，生活过得闪亮亮。

04

第四层：丰富自己。

这些年，我见过很多人一说起化妆品、奢侈品就如数家珍，但一提及文学名著、绘画艺术、社会议题，他们不是张冠李戴，就是哑口无言。很多人可以熬夜看完一部狗血的电视剧，却没有耐心读完一本经典的图书；可以刷几小时的无聊短视频，却没有兴趣看完一节对自己有价值的公开课。

人这一生，最可怕的是肉体健在，灵魂却荒芜了。有了一定的阅历之后，你会明白：低配的物质和高配的灵魂才是一个人最清醒的活法。一个人对外在的要求越低，对内在的要求就会越高。

爱自己的第四个层次是不任由自己被生活的洪流淹没，而是随着时间的流逝不断遇见新的自己。无论到了什么年纪，都不要虚度光阴。把那些刷短视频、看肥皂剧的时间，用来读一本经典好书；把那些组织酒局、混圈子的时间，用来学习一门技能。

过简单的物质生活，做丰富的精神思考。告别无知与浅薄，用智慧和格局武装自己。任凭外界如何变幻，唯有技能傍身、内心笃定的人才能不忧不惧。

05

第五层：觉察情绪。

芸芸众生，各有迷障。生活的难题、感情的失意、前途的迷茫、家庭的矛盾……情绪上的垃圾如果不及时清理，就会逐渐堆积，直至满溢。

爱自己的第五个层次是照顾好自己的情绪。当你感觉难过时，不必强颜欢笑。你可以消沉，可以流泪，可以无所事事，可以睡个昏天暗地，但请你时刻提醒自己：这只是你的情绪走入了死胡同，而不是人生走入了死胡同。

情绪总会过去，伤口总会痊愈。当你对自己失望时，不用刻意回避，告诉自己：不是我不努力才把人生搞成了这样，而是我已经很努力了，我的人生才有了现在这个样子。

偶尔觉得懈怠，你也不要逼迫自己。给自己留点喘息的余地，休息好了，你才能往更好的明天走去。没有过不去的绝境，只有不肯变好的心境。允许自己的情绪流动，允许一切发生，这才是面对生活最好的姿态。

06

第六层：释怀遗憾。

缺憾本是人生的常态。生命漫长，我们总会有错过的

人，遇到无能为力的事。从容看待聚散得失是爱自己的第六
个层次。

人生所有的经历都是一种阅历，世间所有的得失最终都
会化作生命的馈赠。事与愿违时别恼，所有路过的人和事都
参与并构建了你的人生；一无所有时别急，幸福和好运可能
会在下一个路口等你。

那些力所不能及的事情，放下；那些掌控不了的事情，
释然。毕竟，旧的故事结束了，新的故事才能继续。

07

第七层：拥抱伤痛。

人生很难，谁都会不可避免地经历大大小小的挫折。有
人捂着伤口长吁短叹，不停地反刍痛苦，潦倒一生；有人试
着拥抱伤痛，让伤痕开出美丽的花。人生本就是高低不平、
福祸难料，你的人生可能顺遂，也可能坎坷。

你会被人爱，就会被人欺；有人奔向你，就有人离开
你。日子不是老盯着伤心事盯出来的，而是昂首挺胸朝着朝
阳一步步走出来的。书要向后翻，人要向前看。原谅别人的

过错才能解脱自己的心。你要相信：当下以为过不去的事情不过是来日下酒的故事。在时间的长河里，伤口都会被时间治愈。不再反刍痛苦，不再自我伤害，才是真正的自爱。

为什么说"40+"是女性最好的"翻盘"时机？

　　狄更斯在《双城记》中写道："这是最好的时代，也是最坏的时代……这是一个光明的季节，也是一个黯淡的季节。这是希望之春，也是失望之冬……"这段话恰好道出了中年女性的生命体验——经历了岁月的磨砺，她们变得愈发成熟，却也在光明与黯淡的交织中感受着人生的复杂。

　　无论是职场上的竞争、婚姻里的磨合，还是教育孩子的艰辛，中年女性似乎身处重重困境之中。但越是艰难的时候，越藏着"翻盘"的契机。只要能做到以下四点，中年女性依旧能够实现人生的逆袭。

01

第一，是扬在脸上的自信。在复旦大学的某次演讲中，某知名主持人讲过这样一段人生经历。她刚刚进入某知名电视台的时候，对自己信心十足。她觉得自己的长相清秀可人，因此每次在镜头前都颇为从容。突然有一天，她的上司直言不讳地对她说："我觉得你不适合上电视，你脸上的雀斑，在电视上看得一清二楚。"

一句话，如同一盆冷水，浇灭了她所有的信心。从那以后，她每天起床都会端详自己的脸，工作时经常低着头不敢面对观众。极端的自卑，使她的工作表现急转直下。领导对她不满意，观众也对她好感全无。就在这时，一位同事说了一句让她受益终身的话："你一定要记住，在镜头面前，不要老想着自己漂亮不漂亮。你需要考虑的是你要告诉观众什么，这才是最重要的。"

这句话使她恍然大悟，她不再执着于自己外表的瑕疵，而是专注于自己的表现。随着时间的推移，她逐渐找回了丢失的自信，并形成了深受观众喜爱的主持风格。回忆往事时，她深有体会地说："要改变自己，就要把被挫折删除的自信找回来，带着扭转乾坤的自信上路。"

年华易逝，容颜易老，但洋溢在脸上的自信却能让人的魅力与日俱增。一个暮气沉沉的人是没有未来的。一个女人最贵的奢侈品就是脸上的从容和坚定。它能让你即便历经岁月洗礼，也拥有面对生活的底气。哪怕生活对你万般刁难，你也能无畏艰险，为自己的命运创造无限可能。自信的女人不管到了什么年纪，都能骄傲地走下去，活出属于自己的体面。

<h1 style="text-align:center">02</h1>

第二，是融进血液的骨气。有一种女人，她们绝不是美丽的藤蔓，而是有力量的木棉，因为她们从来不属于从别人手里讨生活。即使风雨来袭，她们有自己的屋檐，不需要到别人那里避雨。这种融入血液里的骨气是她们最大的魅力。

作家余秀华在出生时因为倒产而脑瘫，致使她行动不便。19 岁那年，余秀华嫁给了比自己大 12 岁的尹世平。起初，余秀华也认真经营婚姻，投入感情。可是她慢慢发现，不管自己怎么努力，丈夫对自己都毫无爱意。下雨天，余秀华去田地里劳作，丈夫从来不去接她，任由她在泥泞的路上颤颤巍巍地行走。甚至，如果余秀华摔倒了，回家后丈夫还会笑话她。

这些细枝末节的小事，让余秀华仿佛沉溺在黑暗的深渊之中，无法喘息。有一年春节，丈夫罕见地对她"表露爱意"，说要把她带到城市里散散心。可到了城里，丈夫只是让她去路口拦车，向工地老板讨回800元工钱。丈夫说："你是残疾人，他不敢撞你。"

余秀华这才明白，自己的命原来只值800块。从那以后，她再也不将任何的希望寄托在丈夫身上。她每天写作，终于在中年之际爆红，赢得了无数读者的喜爱。写作让她实现了经济上的自由，也帮助她彻底结束了这段名存实亡的婚姻。

真正坚强而自信的女人不会因为年龄大了而委屈自己，更不会为了不值得的关系，一味低声下气、委曲求全。凡事依靠自己，你才有足够的勇气与生活对抗，做一个有骨气、能独立的女人。

03

第三，是刻在生命里的坚强。

小说《那些回不去的年少时光》中有一句话："美丽的女子令人喜欢，坚强的女子令人敬重，当一个女子既美丽又坚强时，她将无往不胜。"女人到了一定的年纪，最好的状态莫过于此：外在柔软但内在坚强，还有一颗刀枪不入的心，能抵挡生活的千难万难。

作为中国现代文学史上的杰出女性之一，冰心的一生可谓历经沧桑。1900 年，她出身在福建长乐的一个书香门第。本以为能在文学的道路上顺风顺水，然而她的人生总是充满了意外。

1951 年，冰心跟随丈夫吴文藻从海外归国，满怀热情地投入新中国的建设中。然而，接下来的几十年里，她经历了一次又一次的人生起伏。丈夫的工作屡遭波折，家庭经济陷入困境，她自己的创作也一度受到冲击。

最艰难的时候，年过花甲的她每天还要干繁重的体力活，挖土、种菜、放牛……那双曾经在文学沙龙里挥洒才华的手，如今满是老茧和泥土。晚上回到简陋的宿舍，她还要照顾生病的丈夫和年幼的孙子。

面对这样的人生低谷，冰心没有怨天尤人，也没有放弃对文学的热爱。白天劳动，晚上她就在昏暗的油灯下写作。纸张紧缺，她就在包装纸的背面、在旧报纸的边角写下一行行文字。那些年里，她写下了大量的散文和诗歌，记录着那个时代普通人的生活和情感。

更大的考验还在后面。1985 年，相伴一生的丈夫吴文藻去世，85 岁的冰心成了孤家寡人。失去了人生中最重要的伴侣，许多人以为她会就此沉寂下去。

然而，冰心再一次展现了她的坚强。她擦干眼泪，重新投入文学创作中。90 岁高龄时，她依然每天坚持写作，用颤抖的手写下一篇篇充满温情的文章。她表示，只要她还能拿得动笔，就要继续写下去。文学是她生命的一部分，也是她迎击困难的武器。

直到 1999 年去世，冰心写了 80 多年。她用自己的一生诠释了什么是"春蚕到死丝方尽"的坚韧精神。无论遭遇多少挫折，她都能重新站起来，继续在文学的道路上发光发热。

中年女人的勇敢不是对现实空有一腔悲愤，而是在遭遇风雨时，依然能够为自己和家人撑起一片晴空。人生路上，谁都会遭受几次意外的暴击，但内心强大的女人总能在重重困境中一次次突破困境，化险为夷。无论何时，请坚强一点、勇敢一点。当你足够强大，你就能凭借自己的力量改变命运的轨迹。

04

第四，是印在心底的善良。越善良的人，越容易赢得人心。生为女子，善良淳厚的品行是一生最重要的财富之一。

经典京剧《锁麟囊》中，薛湘灵作为登州富家女，虽然家中拥有无尽的财富，但她并未因此变得骄横跋扈，反而为人淳朴、心地善良。在出嫁那天，她随身携带了一个锁麟囊。这只锁麟囊外绣麒麟，内藏各种珠宝，寓意"麒麟送子"。

就在出嫁途中，她遇到一位与她同时出嫁的贫寒女子。这位女子为自己的命运泣不成声，湘灵心生怜悯，便将手中的锁麟囊赠予对方。她未曾料到，这一善举会在将来改变她的命运轨迹。

六年后，湘灵在回娘家探亲的路上遭遇了洪水灾害，途中与家人失散，被迫四处流浪。湘灵流落到莱州时，恰巧遇见旧仆胡婆。胡婆将她引荐到当地卢员外家做保姆。一天，湘灵无意中看见阁楼里供奉着她当年送出去的那只锁麟囊。原来，卢夫人正是当年在轿中哭泣的新娘。

当卢夫人见到恩人，她激动得泪流满面，与湘灵结为金兰之好。此时，薛湘灵的丈夫也带着父母和孩子来到莱州，失散的一家人最终得以团圆。

女人这辈子要想改变自己的命运，就要学会用更柔软的眼光看世界，用更宽厚的心去对待生活。逢人落难时，不妨伸出援手；身居高处时，不妨尽力去扶持弱者。当你心存善念，每一个微小的善举也许都是改变自己命运的契机。

真正优秀的女人都活成了自己的主人。她们能把岁月的数字变成人生的故事，也能把既定的事实翻转成理想的现实。要知道命运并非坚不可摧的壁垒，只要全力以赴，每个女人都能求得最适合自己的结果。

"磁场"干净了，人就漂亮了

心理学家利奥波德·贝拉克曾在书中表达过这样的观点：面孔是一个人内心情感和生活经历的永久记录，它就像一张地图，能反映出人的气质和性情。这个世界上，没有人能平白长成一副好形象。要知道，所有漂亮面容的背后都离不开其自身干净的"磁场"。

01

这几天重温了电影《牧马人》，许灵均的变化让我尤为感慨。他因出身，被下放到祁连山脚下的农场里放马。他每天住在漏雨的屋子里，睡土炕、吃百家饭，屋里也没有一件像样的家具。时间一长，他整个人变得潦倒不堪。后来经牧民热心介绍，他与四川来的姑娘李秀芝成了亲。

秀芝的到来让这个家悄然发生了变化。每天，她都仔细打扫房屋，做好饭菜。没有装饰品，她就用红纸剪了窗花贴在窗上。曾经荒凉的小院终于有了家的样子，路过的人直夸她会操持。原本愁闷消沉的许灵均也变得开朗起来，不再胡子拉碴，对生活再次充满希望。

一个房间就是一个"能量场"。脏乱的房间所释放出的负能量会破坏人的"磁场"。你对房间的每一次整理都是对自身"磁场"的净化。每天顺手打扫一下房间，把不常用的东西扔掉。身处的环境干净了，人才能心情愉悦、做事从容。

02

你有没有发现，身边总有些人每每遇到不顺心的事情就喜欢怨天怨地？但他们越是唉声叹气，烦心事就越多。时间一长，再望向镜子，他们很容易发现脸上又添了几道皱纹，发间也多了几根白丝。你嘴里的话就是你的生活状态。积极的语言可以让人的状态变年轻，重焕活力。消极的语言反而会干扰你的"磁场"，让你一脸苦相。

作家小池浩曾经开了一家服装店，却因为不懂经营，欠下巨额债务。他终日满腹牢骚，嘴里念叨的都是消极的话："生意好差啊""办不到""还不了债"……人也十分邋遢，不修边幅。

在穷途末路之际，他试着通过改变口头禅来重拾信心。他先是戒掉了所有的负面语言，然后每天默念"我十年内就能还清债务"，还经常把"谢谢""我有能力"挂在嘴边。一段时间以后，他不再颓废，反倒干劲十足。他仔细分析了店铺销量低的原因，认真研究客户的喜好和购买习惯。慢慢地，服装店的生意越来越好。其间，他还学习了心理学，成为别人的心灵导师，收入翻倍。仅用了9年时间，他就还清了巨额债务，状态也好了不少。

都说语言的力量是强大的，想要面容和善，就学着让这股力量内化。从现在开始，少说丧气话，对自己多一些肯定和褒奖。用积极的语言滋润出的精神长相，时间也难以摧残。

我觉得社交平台上有个问题很有意思：为什么要远离负能量的人？有个高赞回答："近朱者赤，近墨者黑。和负能量爆棚的人在一起，你也会整日愁眉苦脸，惹人生厌。"是的，和满身负能量的人相处，你也会在无形中被其负面"磁场"所影响。

心理咨询师舒娅曾有一位叫芒果的合租室友。芒果出手阔绰，常常自掏腰包请舒娅吃饭，让当时囊中羞涩的舒娅感激不已。但每次聊天，芒果特别喜欢向她倒苦水：为了准备项目资料，又加了几个晚上的班；跟家里又起了摩擦，不知如何是好……舒娅被迫接收了一堆"情绪垃圾"，每次帮不上忙不说，还把自己的心情弄得极差。时间久了，她整个人也变得负能量满满。

倘若身边的朋友负能量缠身，你也会满脸愁容。想要形象好起来，你要远离吸食你能量的人。只有保护好你的能量，你的面相才能滋养好。

03

你有没有注意到，喜欢内耗的人比同龄人更显老？很多时候，相由心生并不是空谈。心不净的人，长相也自带疲倦感。

某作家过去总因为生活中的不顺心而内耗。时间久了，他的精神愈发萎靡。一次偶然的机会，他应邀参加了一位同行的新书发布会。这位同行分享的自己的真实经历时让他很惊讶。

这位同行竟然在过去的一年里经历了投资失败、亲人重病的双重打击，但站在众人面前的他，却十分乐观与从容，仿佛那些磨难从未发生过一般。这种积极向上的精神力量让作家的心灵得到了前所未有的洗礼。他也不再想那些烦心事，开始更多地关注那些能滋养自己的事情。心烦意乱时，他也不再窝在家里，而是跑到附近的公园换个心情，闲时就捧着一本书细细研读。渐渐地，他的心态愈发沉稳，人看起来也精神了许多。

思虑过多不但会耗尽一个人的精力，降低其行动力，还会降低其人对生活的满意度和幸福感，使他否认自己的价值感。很多时候，我们总习惯跟各种琐事纠缠，内心也被折磨得疲惫不堪。其实，许多问题并没有那么重要，只是我们把自己捆绑了。

凡事放宽心，不要把精力浪费在纠结上，集中精力解决问题。问题解决了，人自然更加自信、漂亮。人到了一定年纪，还能长相漂亮，这其实是一种本事。坦白地讲，一个人要想优化形象，最大的敌人不是岁月，而是自己。这世上最好的保养品，莫过于干净的"磁场"。当你把自己的"磁场"清理干净了，你的形象自然会被滋养得更加赏心悦目。

丰富自己，胜过取悦别人

在生活中，你有没有过类似的经历：事事以他人为先，从来不考虑自己的想法；总是因为别人的过错而责怪自己做得不好；不敢拒绝他人的要求，一次次地放低自己。你处处考虑别人的感受，可直到身心俱疲后，你才发现自己在讨好别人的过程中早就迷失了自我。

01

杨绛先生曾说过："我们曾如此期盼外界的认可，到最后才知道：世界是自己的，与他人毫无关系。"人这一生，最重要的不是取悦别人，而是丰富自己。不要去追一匹马，你要用追马的时间去种草。等到春暖花开的时候，自然会有一群骏马供你选择。当你开始不断丰富自己，你想要的一切都会因你而来。

02

有位作家曾把人的大脑比作仓库，里面的货物就是我们学到的知识。一个不爱学习的人，仓库里便空空荡荡，整个人也会慢慢"废掉"。而不断在知识中汲取营养的人，仓库便会充实，人生也会越来越厚重。

杨绛先生从小喜欢读书，父亲杨荫杭曾问她："如果一个星期不让你读书，怎么样？"她毫不犹豫地回答道："一个星期都白活了。"对杨绛而言，读书让她的生活多姿多彩，也让她找到了自己终生的事业：文学。我们都知道杨绛先生不仅是一位作家，也是一名翻译家，精通英语、法语和西班牙语。但很多人不知道的是，杨绛的西班牙语完全是自学的。

1957 年，有出版社计划翻译出版《堂吉诃德》，编委会领导读过杨绛翻译的法国名著《吉尔·布拉斯》，便决定请她来翻译。为了译好这部作品，已经四十多岁的杨绛决定自学西班牙语。她每天抱着字典，从零开始，一个单词一个单词地啃。许多时候，由于参考资料太多，她只能把它们一本本摊在床上。这样苦苦学了将近四年，她彻底掌握了西班牙语。1978 年，杨绛翻译的《堂吉诃德》一经出版便好评如潮，被公认为是最优秀的译作之一。正是由于持续地学习，永远不放弃提升自己，杨绛成为一代翻译大家。

丰富的头脑和丰富的学识就如同一个人思想上的锚。有了这根锚，我们才有能力对抗海上的风浪、对抗莫测的命运。所以，任何时候都不要忘记充实自己的大脑，握住自己的锚。你读过的每一本书、学到的每一分知识都将成为你乘风破浪时最大的底气。

03

什么是格局？知乎上有这样一个回答："格局体现在一个人所追求的目标的高度、眼界的广度、思维的深度，以及这个人身上所体现出的从容大度。"

一位教授曾说过一句话："如果你在自己最失落的时候、最潦倒的时候、最无人能理解的时候，还能保持一份豁达、一份涵养、一份风度，这才是真正见你修养的真功夫。"放下的是恩怨，提升的却是自己的格局。人生海海，潮起潮落。真正成熟的人都懂得把眼光放长远，不拘泥于眼前的鸡毛蒜皮。当你学会敞开胸怀，放开眼界，站在高处去俯瞰生活，你才能活得通透，活得洒脱。心怀大格局才能过好每个小日子。

04

过日子，难免会有枯燥和乏味的时候。但真正热爱生活的人、却总能不败给时间、不败给世俗，无论何时何地、都能活得精神、活得有趣。

杨绛和钱锺书先生的生活便是如此，平淡却丰富。忙的时候，同一屋檐下，钱锺书在那头奋笔疾书，杨绛就在这个角落安静阅读。闲暇的时候，他们会互相理发，也常常一起出门去"探险"。有人说，生活真正的趣味，其实都融于日常小事中。杨绛先生的《我们仨》一书中记录了许多一家三口的生活细节：一家三口爱去动物园，会一起观察和探讨各种动物的习性和秉性；一家人去下馆子，钱先生虽是近视眼，但"耳朵特聪"，女儿阿瑗耳聪目明，他们总能发现其他桌的客人正在上演着怎样的故事……

生活中有很多人时常抱怨：每天辛苦奔波，忙于工作和应酬，日子过得一天比一天无聊。其实不是生活乏味，而是我们失去了对它的感知力。当我们越来越懒散，不愿折腾，不愿费心思去生活，我们自然会把日子过得暮气沉沉。某作家曾说："所谓生活情趣，就是用意趣之心去对待生活中的万事万物，并挖掘其中的美好，为我们所用。"只要你懂得在琐碎日常中提炼美好，注入心思，那么你的生活自然会越来越有质量。心里藏着诗意的人永远能把生活过得热气腾腾。

05

1997 年，杨绛的女儿钱瑗因病去世；不久后，丈夫钱锺书也离她而去。曾经的"我们仨"后来就只剩下了杨绛一个人。从那以后，杨绛先生便不再喜欢出门，在家闭门谢客。她把全部的时间与精力都投入工作中，一边整理钱锺书的手稿，一边进行自己的创作。曾有记者去采访她，她幽默地说了这样一段话："我现在要做的事很多，那么多的事只有我一个人来做，我现在是'绝代家人'，这个'家'是家庭的'家'，不是'绝代佳人'，我没有后代，我不去做就没人能做了。"

正是在这种豁达和超脱中，杨绛写出了《我们仨》《走到人生边上》《洗澡之后》等一系列经典作品。这时的杨绛就像她的作品一样，专注于精神探索，对外界的一切都淡然处之。

2004 年，《杨绛文集》出版，出版社准备筹划作品研讨会，杨绛却说："稿子交出去了，卖书就不是我该管的事，我只是一滴清水，不是肥皂水，不能吹泡泡。"在生活中，她也越来越简单朴素。她的衣着并不名贵，却极为得体；房间里从没有名贵的摆设，只有满屋的书香。我听过一句话："一个人真正的高贵在于灵魂的丰盈。"断掉无用的社交，看开荣辱得失，摆脱浮名物欲。当你的内心变得富足、精神变得饱满，你自然就不会在意外界物欲的束缚。简单朴素的是生活，而丰富高贵的是灵魂。

06

　　有人曾评价说:"对于杨绛先生而言,幸与不幸是一条扁担,而扁担两头的筐里,放的其实是丰富的人生。"活在世上,我们或许无法改变生命的长度,但是可以丰富自己的活法,用充实的大脑去面对现实的挑战,用广阔的胸怀去容纳生命的风雨,用多彩的生活去感受人生的美好,用丰盛的灵魂去承载世间的万物。人这一生,有无数美好等着与我们相遇。不断吸收养分、填充自我,我们才能变成珍贵的存在。愿你我都能尽情享受生活的美好,不断丰盈生命的底色,不枉来这人间一趟。

内心强大的女性，都是"牛油果型"人格

01

哈佛大学心理学家布赖恩·利特尔在《突破天性》一书中，提出过一个"牛油果型"人格。这种人格像一颗"牛油果"，当你不断往下挖时，会发现它有一个坚硬的内核。"牛油果型"人格的人更善于自我思考，无论外界如何风雨飘摇，也影响不了他们坚定的内心。这让我想起冯唐在《在宇宙间不易被风吹散》中曾表达过这样的观点：每个牛人都要有个笃定的核，这样在宇宙间才不易被风吹散。

02

几年前，在一次访谈中，作家周国平说过一句话："我

从不在乎别人如何评价我，因为我知道自己是怎么回事。如果一个人对自己是没有把握的，就很容易在乎别人的看法了。"

在生活中，有人常常会因为外界的评价渐渐动摇自己的初心。而内心强大的人，能在惊涛骇浪中牢牢地握住自己人生的风帆。知名作家林清玄就是典型的"牛油果型"人格。林清玄曾说，自己童年时家境十分贫寒，他和兄弟姐妹甚至吃过蟑螂。当林清玄和父亲说起自己的作家梦时，父亲却一个耳光扇了过去："没出息！"但他没有放弃，趴在家里唯一一张桌子上写东西，立志一定要当作家。一次，老师送了一本世界地图给他，他在家生火时看得入迷，竟没有发现火已经熄灭了。父亲见了，冲过来又打了他一巴掌，还踢了他一脚，说："我用生命保证，你这辈子绝对不可能去到那么远的地方。"

林清玄边烧火边流泪，发誓一定要去看看外面的世界。无论是做码头工人时，还是摆地摊时，他都笔耕不辍，创作出很多优秀的作品。林清玄有一天在金字塔前给父亲写明信片，上面写道："我想向你证明，我的人生不能被谁保证，连父亲都不可以。"

画家黄永玉说："人生就是一万米长跑，如果有人非议你，那你就要跑得快一点，这样，那些声音就会在你的身后，你就再也听不见了。"当我们把外在的声音调到最小，聚焦于自己想要的，我们就能在自己的节奏里踏实走好每一步。

03

你一定剥过洋葱吧？当你把"洋葱"一层一层剥开，你会发现它没有内核。这就是与"牛油果型"人格相反的"洋葱型"人格。"洋葱型"人格的人，只要外界有一点负面反馈，他就会内心崩溃，觉得自己很差劲。

知乎网友阿若就曾经是这样一个人。阿若一直很喜欢时尚，毕业后她进了一家国际知名服装公司，从事一线的销售工作。亲戚和同学知道她成了一名"柜姐"时，都说："一个研究生去当柜姐，给别人穿鞋子、试衣服，多没面子啊！"甚至还有同学故意到店里让她接待，趁机看她笑话。尽管收入不错，她还是经受不住别人的嘲讽，选择了辞职，然后考上了公务员，在行政岗位上一待就是十年。而当初和她一起当"柜姐"的同事，一个成了公司高管，一个成了时尚博主。她看着自己日复一日的枯燥生活，后悔不已地说："如果当初我没有放弃，再坚持一下，现在不知道会怎么样呢。"

林语堂曾说："自己永远是自己的主角，不要总在别人的戏剧里充当着配角。"别人以为好的，不一定适合你；别人看不上的，不一定就是错的。他人只能对你的生活进行评判，但不会为你的悲喜买单，更不会对你的人生负责。

茅盾文学奖得主格非，在他的作品《江南》中讲述了女佣喜鹊的故事。

一天，女主人陆秀米突然失语，三十多岁的喜鹊不得已开始认字，每天用纸条和女主人交流。后来女主人的失语症好了，喜鹊依旧每天跑到教书先生那里听课。县里有人嘲笑她："你一个女儿家，又不去考状元，费那个心思做什么？"喜鹊并不理会这些声音，她从写出歪歪斜斜的第一个字开始，到能写短小完整的句子，最后更是在女主人的帮助下，读起了晦涩的诗文。最后她不仅能够熟读古诗，还成为一代女诗人，她所著的《灯灰集》流行于世。

叔本华曾在书中表达了这样一个观点：人性有一个特殊

的弱点，那就是过分在意别人如何看待自己。因此，不要在他人的期待里迷失自己。学会为自己而活才能百毒不侵。

04

在《贞观政要》里有一段非常经典的"君臣对"。唐太宗问许敬宗："我看满朝的文武百官中，你是最贤能的一个，但还是有人不断地谈论你的过失，这是为何？"许敬宗回答："春雨如油，农夫因为它滋润了庄稼而喜爱它，路人却因为它使道路泥泞而厌恶它；中秋的月亮像一轮明镜辉映四方，才子佳人欣喜地对月吟诗作赋，盗贼却讨厌它，怕它照出了他们罪恶的行径；无所不能的上天犹且不能令每个人都满意，何况我是一个普通的人呢？"巧厨难烹百人餐，一人难如千人愿。这世上没有绝对完美的人，也没有不被人评说的事。

当你的内心足够坚定，脚下自有道路，你就不会轻易将自己人生的钥匙交给别人。2021 年，余华的《文城》一经出版，便一炮而红，一时间赞誉之声不绝于耳。有人评价这是余华重回巅峰的一部作品："那个写《活着》的余华又回来了"。

但不买账的人也比比皆是，他们评论小说是"平庸之作""陈旧的爽文""二流的传奇小说"……面对如潮的恶评，余华不以为意，继续按自己的节奏为《文城》的续集做准备。在接受《南方周末》采访时，余华还坦言，自己已经被骂了四十多年，最开始是《兄弟》《第七天》，现在变成了《文城》。

他说："不论写什么，批评都会找上门来。"漫天的赞誉没有让他迷失，如潮的诋毁也没有让他失落。就像他曾说的："生活是属于每个人自己的感受，不属于任何别人的看法。"外界的评价不但不该伤害你，反而应该成为你自我修行的动力。

蝴蝶何必为蝇虫而舞，柳枝何须为草木低垂。他人的认可与满意成就不了你的人生，他人的否定与质疑也无法动摇你的根基。与其把心思花费在别人身上，倒不如在"限量版"的人生中活出自己的风采。

05

尼采曾说："亲爱的，你要清楚自己人生的剧本——你不是你父母的续集，也不是你子女的前传，更不是你朋友的外篇。对待生命，你不妨大胆冒险一点，因为你迟早会失去它。"你的生活从来就不是活给别人看的。不要因囿于经验的言论，就断了念想，终了目标；不要因无根无据的非议，就凉了热情，扰了心境。不被左右的人生才最高级。

女到中年，做自己的山

01

网上曾有个问题：中年女人最大的悲哀是什么？有个回答戳中了无数女人的心："女人过了四十岁，最悲哀的事情不是年华老去，也不是身材走形，甚至不是婚姻出现问题，而是手里没钱。"

电视剧《好事成双》中，女主角林双是一流大学高才生，前途本来一片璀璨。和卫明结婚后，已是职场精英的她却选择辞职做全职太太。表面看上去光鲜亮丽，实际上她却像个免费的保姆。伺候公婆、照顾孩子、洗衣做饭……大大小小的事都压在她身上。

然而，当林双低声下气地向卫明伸手要钱时，换来的却是老公的一脸不耐烦。因为她没有收入，所以她在家庭里所有的付出便成了理所应当。直到发现卫明出轨，林双才终于决定离婚。离婚后，她拾起自己曾经的专业，重返职场，摇身一变成为事业上的女强人。过去种种让她明白：钱才是一个女人最大的底气。后来，林双创立小蝇科技有限公司，这些年公司越做越大，她也遇到了优秀的人生伴侣。

曾有人在知乎上问：女人三十多岁后的生活必需品是什么？点赞量最高的答案非常直白：钱。钱不能解决一切，但至少可以让你不卑不亢、身心自由，让你在面对伤害和不公时有反抗的底气。所以，要好好赚钱、攒钱，努力让自己过上更好的生活。

02

我读过一个故事。小艾毕业后，应聘了一份销售的工作。其他人每天都被客户折磨得怨气冲天，她却热情高涨，月月都是销冠。周围的同事走了一波又一波，她却很快坐上了销售部经理的位置。有同事找她取经，想让小艾分享一下快乐的秘诀。她说："哪有什么天天开心，不过是我能及时释放坏情绪。"她每天一回家，就把见到的客户画下来。画画的时候，她的心境逐渐平和，坏情绪慢慢消失，对客户也更加熟悉了。再次见到客户的时候，就像见到老朋友一样，她和客户交谈起来很愉快，成交的概率自然大大增加。

多少中年女人身兼数职：好妻子、好母亲、好员工，同时还是厨师、清洁工、保姆……难处少有人体谅，委屈也难以倾诉。可想要日子越过越好，越是在慌乱的日子里，你越要学会管理情绪。

在情绪处于低谷的时候，不妨试一下"5分钟情绪管理法"：找一处没人的地方，给自己5分钟的时间释放负面情绪。5分钟之后，擦干眼泪，继续在静默中努力，向生活发起绝地反击。女人学会主宰情绪才是改变命运的开始。当你用平和的情绪对待这个世界，世界也会回馈你温柔。

03

有位作家曾做过一个精妙的比喻："人的大脑如同仓库，外界的所有输入都变成了这个仓库里的存货。不爱学习、没有好奇心的人，这个仓库是空的。而仓库里只有一种货物的人很容易变成被洗脑的傀儡。""大脑仓库"空空如也的女人，大多一辈子困在生活的牢笼里，不知道自己真正想要什么。知识的灌溉可以扫净愚昧无知的尘屑，让她们与外界建立链接，更加清醒通透。

农妇韩仕梅 21 岁时，在母亲的操办下，以 3000 元彩礼嫁给现在的丈夫。丈夫好吃懒做，还因赌博欠债，一家人的生计都要靠韩仕梅来扛。生活苦闷，她却靠读书找到了宣泄口。久而久之，她原本贫乏的大脑越发充实，也萌生出了很多想法。后来，她把这些想法写成了诗歌并发表在自己的自媒体账号上。渐渐地，她受到了越来越多人的关注。她还因此收到了联合国妇女署的邀请，站在了世界的舞台上。她在诗中写道："我已不再沉睡，海浪将我拥起。"

在生活中，我们时常会遇到各种各样的麻烦。头脑空空的女人随便遇到一点困难就开始呼天喊地，觉得人生没有了期待。头脑充盈、爱读书的女人就不那么容易惊慌，因为她们在书中早已获得了从容、宁静的力量。

余秀华从小与疾病抗争，在糟糕的婚姻里挣扎了二十多年，靠读书写诗找到了人生的出路；苏明娟原本可能在大山里过嫁人生子的人生，却靠读书一步步走出了大山。

女到中年，读书是解决问题的最简单的方式。面对工作的困惑、处理家庭关系的难题等，你都能从书中找到答案。你的"大脑仓库"充实了，你就拥有更多对抗世界的力量。

04

作家毕淑敏曾分享过自己的故事：年轻的时候她在西藏阿里高原当卫生员。那里的条件尤为艰苦，海拔普遍超过4000米，荒凉、杳无人烟，死亡是常事。刚开始，毕淑敏一度想要逃离，但时间久了，她选择平静地接受眼前的生活，好好活下去。在西藏11年的服役生涯让她练就了超然的心胸与格局。

后来，毕淑敏告别了从事20年的医生行业，开始写作。很多人劝她不要轻易放弃原来的职业，在当时看来，医生这份工作稳定又体面，而作家这条路看似四周都是悬崖绝壁，成功的人屈指可数。就连一贯支持她的丈夫也说她是自讨苦吃。没人支持，她也不在乎，一个人躲在书房里开始埋头写作。后来，她的处女作《昆仑殇》一经问世，便获得了第四届昆仑文学奖。

毕淑敏说过："一个健全的心态比一百种智慧都更有力

量。"人们常说:"女到中年,十有九难。"职场危机重重,婚姻矛盾不断,身体也亮起了红灯。但内心强大的女人会把生活的拳拳重击化作内心的点点光亮。对中年女人来说,最好的奢侈品就是强大的内心。当你的心态足够强大,你便能驾驭人生这艘轮船,乘风破浪。

05

中年女人的世界不该只有柴米油盐、家长里短,更应该有自己的一片天地。人生的下半场,为自己撑腰,做自己的那座山。

永远不要帮别人欺负自己

心理咨询师黄启团曾说："任何一段糟糕的关系，必有你的一份功劳。"因为我们在无意识中教会了别人如何对待自己。你的卑微讨好只会换来得寸进尺，你的过度付出只会换来别人的轻视。别人对你的态度都是你允许的。所以要记住：永远不要帮别人欺负自己。

01

豆瓣上有个名为"讨好型人格治疗所"的小组，里面有超过十万个成员，他们都是被"不好意思拒绝"害惨了的人。有人明明自己的信用卡还没还清，却还大方地借钱给朋友，宁愿省吃俭用也不好意思向朋友讨要；有人周末本想好好休息，却放不下脸面拒绝同事的聚会请求，结果一整天下来身心俱疲。

成年人的世界有个残酷的相处规则：你越讨好别人，越容易被人看轻。没有底线地接受，并不会为你带来和谐的人际关系，反而只会让你越来越憋屈。

某博主是同事和朋友眼中的老好人，工作日经常帮同事取快递、买奶茶，周末有人喊他帮忙加班，他也来者不拒。朋友需要他帮忙，无论是否在他的能力范围内，他也从不推诿。但他忙前忙后并没有换来尊重与感恩。朋友对他的要求越来越高，他做不到，朋友就对他冷嘲热讽。

毕淑敏曾写道："如果我们始终不拒绝，我们就不会伤害别人，但是我们伤害了一个跟自己更亲密的人，那就是我们自己。"你把自我价值建立在别人的认可上，别人就可能利用你对认可的需要来压榨你。你当惯了好脾气的人，别人就可能因为你的好脾气一次次冒犯你。

真正喜欢你的人欣赏的是你独立、有主见的样子，而不是你曲意逢迎、卑躬屈膝讨好别人的样子。人要想活得有光芒，就必须有自己的锋芒。

02

前阵子朋友跟我抱怨，结婚几年，她从窈窕少女变成了"绝望主妇"。为了照顾孩子，她辞去了心仪的工作；为了省钱过日子，她一分钱掰成两半花。但丈夫却全然不顾她的付出，某次吵起架来竟然骂她是"黄脸婆，没用的家庭主妇"。

我看着她凌乱的头发、蜡黄的脸色，和洗得变了形的 T 恤，摇了摇头说："当你不爱自己，没有人有义务爱你。"身边人对你的态度都是你允许的。一味付出只会增加自己不被珍惜的概率。

在巴克曼的小说《清单人生》里，玛丽是一个把别人看得比自己重要的人。小时候为了得到母亲的认可，她主动包揽家务，但做得多也错得多，最终换来的是母亲的破口大骂。成年后她为了让丈夫安心工作，无怨无悔地照料家庭几十年，从来没有自己的生活和社交。操劳多年，等到的却是丈夫出轨的消息。玛丽花了大半辈子追求爱，却未曾得到过爱。

这让我想起黑塞的《荒原狼》中的一句话："不自爱的人不可能博爱。"当一个人把自身价值放在为他人服务上，他将不可避免地遭到轻视与冷漠。而当你将目光聚焦在自身，这个世界才会开始爱你。

03

作家刘同说："不要怕自己的性格会得罪人，你要清楚，这个世界上没有任何一种性格能避免得罪人。"别害怕得罪人，你身边超过 90% 的人你得罪得起。世间有太多关系根本不值得你委曲求全。当你亮出锋芒、露出爪牙，你才能给自己穿上坚硬的铠甲。

在西班牙电影《直率症》中，女主角帕兹过着众人羡慕的生活。她在职场上如鱼得水，有一个温柔体贴的男朋友，还有一个好闺蜜常伴左右。但看似完美的幕布揭开，里面其实全是心酸与憋屈。工作上她兢兢业业，老板却对她的努力视而不见，转头就提拔了一个新来的员工；男友自命不凡，总想着做"伟大的事业"，每天不务正业，还得靠她养；她曾无数次在闺蜜难过的时候及时给予安慰，可每当她遇到伤心事时，闺蜜却总在玩手机，对她的倾诉敷衍了事……

她总是委屈自己来照顾别人的感受，到头来没有一个人考虑她的感受。帕兹受够了这种卑微的日子，她决定不再继续忍耐下去。

她怒怼领导，指责他偏心、有眼无珠；她骂自命不凡的男友"不过是个逃避现实的寄生虫"；当闺蜜在她面前再次掏出手机时，她一把将手机夺过来扔进了垃圾桶。短时间内，她离职、分手，结束了一段友情，但她却觉得无比痛快。当曾经软如绵羊的她亮出了锋利的爪牙，她的世界清爽了，她睡了十几年来的第一个好觉。

某知名主持人曾说："说'不'是一件非常幸福的事情，因为你不用强迫自己掉入一个泥沼中无法脱身。"对不喜欢的东西说'不'是在善待自己。拒绝无理的请求，远离消耗你的关系。

人生短短几十载，你不必活成别人生活的附属。自己的感受自己负责，自己想要的生活自己把握。当你不再为别人的需求买单，以后的每一个日子都是新生。

04

很喜欢这句话："成年人的社交关系都是自己量身定做

的。"我们生活中的所有际遇都因我们自己而来。你越是好说话，别人就越不拿你当回事；你越是不好惹，周围的人越不敢欺负你。

各位女性朋友，请记住：置顶自己的感受，先自爱再爱人。

当你懂得爱自己，该来的已在路上

一直以来，我们总是习惯于把被爱当成衡量幸福的标准，却忘了在这个世界上，我们最该爱的人是自己。"不爱自己的人不会获得真正的爱。"唯有悦己，方可成己。当你活成自在圆满的模样，什么也不必追、不用求，该来的都已在路上。

01

都说茫茫人海，相逢是缘。但你往往会发现，在你还不够优秀的时候，希望靠运气觅得一份良缘是很难的事。因为，你是谁通常决定了你会遇见谁。

年轻时的吴淡如曾是一个"恋爱大过天"的女生。大学里经历过几段无疾而终的恋情后，她便急于给自己找个终身归宿。就这样，21 岁那年，在遇到有人向她求婚时，她仅考虑了几天就答应了。

可惜，期待越高，失望也来得越快。不到一年的时间，这段婚姻就被现实打得支离破碎。吴淡如陷入沉痛的思考中，也终于明白了"爱人当先爱己"的道理。

自那时起，她全身心投入写作中，并通过大量阅读哲学、心理学类书籍积累知识，为自己重新找到一条更有深度的写作路径。成为畅销书作家后，吴淡如身边一直不乏追求者，但她却牢牢守住了自己的心。

直到有一次去巴厘岛旅游，她认识了邓明昆，由此开启了长达八年的相识、相知的过程。两人先是从朋友做起，从相互欣赏到彼此了解，再成为彼此生命中不可分割的至爱。如今，他们已陪伴彼此走过二十多年的婚姻时光，依然琴瑟和谐。

梭罗写道："时间决定你会在生命中遇见谁，你的心决定你想要谁出现在你的生命里，而你的行为决定最后谁能留下。"说到底，好的关系都是同频相吸、势均力敌的结果。想要遇见更好的人，你得先努力成为更好的自己。

电影《布鲁克林》中，女主角艾丽丝只身从爱尔兰小镇到纽约闯荡。刚开始时，孤立无援的她只能在百货公司当一名售货员，生活过得举步维艰。但艾丽丝并未因此而心生退缩，而是每天都给自己加油打气。除了坚持努力工作、学习化妆之外，她还上夜校进修，为转行做会计打基础。

神奇的是，在她逐渐适应新环境后，她的身边也出现了越来越多赏识她、愿意帮助她的人。故事的最后，艾丽丝如愿练就了一技之长，当上职场白领，还邂逅了值得托付一生的爱人。

正如有句话所说："在爱情里，那个最好的人不是等来的，而是修来的。"事因你而生，人为你而来。你若为凤凰，自会吸引到比翼齐飞的俊鸟。

02

你是不是也曾觉得，人生最痛莫过于爱而不得？但其实，如果一段关系不能带给你任何滋养，只有无尽的消耗和折磨，那它就已经不是爱了，你无法离开只是因为执念在作祟。

萧红和苏青同为民国作家，各自也都有过坎坷的感情经历，人生走向却截然不同。在第一段婚姻被前夫汪恩甲抛弃后，身无分文的萧红选择继续追寻爱情。她以为，只要等到下一个良人出现，她就能拯救自己于苦海。可无论是后来的萧军，还是端木蕻良，都不是能与她携手一生的良人。最终，一代"文学洛神"在贫病交加中走完她为爱错付的一生，令人惋惜又憾然。

很多时候，一个人之所以执着于被爱，是想要为自己抓取一份安全感。然而，对人生最大的不负责，恰恰是放任自己沉沦于一段不健康的关系中。你的姿态越低，越不可能被珍惜。

为什么出身贫寒、长相平凡的简·爱可以受到那么多人的尊重，并赢得罗彻斯特真挚的爱情？看到一句很棒的回答："她有一个高贵且丰盈的灵魂，自始至终她都在用自己的言行告诉身边人，她值得一切美好。"

自爱与被爱从来都互为镜子。你怎么对自己就是在教别人怎么对你。你只管做更优秀的人，那些曾经渴望而不可得的人与事自会随之纷至沓来。

03

幸福心理学专家与关系教练周梵写过一句话："你生命中所有的问题，都来自你不够爱自己。"因为不够爱自己，你才会致力于用卑微付出的形式来换取爱，结果往往是在反复失望中被伤得更深。

爱人先爱己。只要你愿意像爱别人那样千百倍地爱自己、给自己力量，你就可以创造任何一种你想要的生活。

1. 管理自己

真正地爱自己，不是自我放纵，而是学会自我管控。任何时候你都要做自己人生的第一责任人。规划好自己的生活；照顾好自己的身体，养成规律作息。按时吃饭、定时睡觉、适时运动，并坚持每年体检一次。每天都能保持良好形象和充沛精力的人，无论走到哪，都会自然而然地散发出高能量的气场。

2. 接纳自己

为经营完美"人设"而活只会让自己陷入分裂不安的

状态中。人无完人，爱自己就是要懂得无条件接纳真实的自己。我们需要明白，自己只是一个平凡的人，是有可能会出错的，也是允许失败的。认清自己的能力边界，不盲目逞强；看见自己的独特优势，不妄自菲薄。这才是成年人顶级的魅力。

3. 取悦自己

很多人会为了见心仪的人而费心思装扮自己、准备礼物。其实，爱自己就是拿出同样甚至是更多的热情来哄自己开心。多关注自己的情绪感受，心情低落的时候，问问自己该用什么适合的方式排解不良情绪。同时，不要吝啬于给自己掌声。每完成一个小目标，都别忘了适当奖励自己，然后告诉自己：你很棒，请继续努力！

4. 珍惜自己

你最贵重的东西永远是自己。一个人也只有懂得珍惜自己，才算领悟了爱自己的真谛。遇到"烂人破事"，要有及时止损的果决；与人相处交往，要有敢于说"不"的勇气。远离负能量，永远只把时间精力用来滋养自己、助益自己、提升自己。你相信只要自己有高价值，生活就会自动为你匹配更高维度的人与事。

04

我很喜欢一句话：葡萄藤上开不出百合花，找不到答案就找自己。世事兰因絮果，自己才是一切的根源。女性朋友们，请把最好的爱留给最真的自己。

即使眼下处境艰难，也请不必着急慌张，多给自己一些时间，去好好生活、默默蓄力。把脚下的路走稳，你该遇到的幸福迟早会出现在恰如其分时。把眼前的事做好，你应该收获的回报，早晚会在水到渠成处等你。

未来还很长，愿你尽己所能爱自己，让昨日的遗憾，成为来日惊喜的铺垫。你若盛开，清风自来。

成熟女性的"界限哲学"：善良有尺，付出有度

　　我有位朋友是朋友圈里出了名的好人。见谁缺钱了，她主动借钱；看谁没工作了，她一定出手帮忙。不管对哪个朋友，她都实心实意、有求必应。可就是这么个"活雷锋"，她还经常被人挑毛病。后来朋友忍不住抱怨："人啊，真是太不懂感恩了。"我想了想对她说："这都是你的错。"

　　当别人习惯了你的"掏心掏肺"，他就会变得"没心没肺"，你就容易落得个"撕心裂肺"。太过热情善良，只会令身价贬低，增加不被珍惜的概率。每个女人应有的成熟就是不再轻易对一个人太好。

01

你有没有这样的经历：明明工作结束已经很累，但只要同事一请求，你就答应替人加班；明明自己还有一堆事没有完成，别人一个电话，你就屁颠屁颠地跑去帮忙；明明能力不够，可拒绝的话就是不敢说，你总让自己勉为其难。

我们太怕被讨厌，太怕被贴上"不近人情"的标签。于是，我们逼自己活成一个老好人，盲目地牺牲自我。表面上，我们或许会得到别人的夸赞，但实际上，我们什么也得不到。

某作家讲过她父亲的一段往事。父亲年轻时，在乡镇小学当校长。一年，一个大学生前来支教，没地方住，又无亲友可以投靠。父亲见他可怜，就请他来家里住，不收他的租金，还提供免费的三餐。这个大学生倒也不见外，就这样白吃白住了下来。几个月后，这人又提起自己有个未婚妻，问父亲能不能给调过来。父亲一听，又应承了下来，跑关系、调户口，好歹把人接了过来。

大伙本以为，成家后，年轻人该自立门户了吧。可结果呢，之后整整两年，他还是赖着不走。后来，学校老师涨工资，年轻人又缠着父亲给他争取名额。可他的能力实在不行，父亲就把涨工资的名额给了别人。这下，年轻人可气坏了，冲着父亲就是一顿数落。翻脸后，他终于搬走了，但父亲却为此郁闷了很久。

与人交往太过热情是一场灾难。很多人你对他好一分，他要十分，你对他退一步，他让你无路可走。

美国著名的脱口秀主持人奥普拉，也曾因老好人的身份吃尽苦头。后来，她在桌子上刻下一段话，时刻提醒自己："我以后再也不会为别人做任何事，除非我是打心底里愿意那么做……"

没有边界的心软、毫无原则的仁慈，这些都是对自己的苛责。"间歇性冷漠"才是成年人应具备的生存技能。远离贪得无厌的人，拒绝吃力不讨好的事，可以给别人撑伞，但不要淋湿自己。

02

有些人看上去人畜无害，实际上却很有心机，能明里暗里把人坑惨。不留个心眼，对谁都推心置腹，我们很容易陷人被动。掏心掏肺地对一个人，要么得到一个知己，要么得到一个教训。而知己向来难得，教训却总是不请自来。

前阵子，我和一位高管朋友聊天。她是项目经理出身，对行业的风险、趋势、利益纠葛都了如指掌。但无论谁向她咨询，哪怕是最好的朋友，她都是点到为止，既不进行事无巨细的交代，也不发表自己的高见，更不会说自己的心事。她提醒我说："做人一定切记：话少保平安。"逢人但说三分话，遇事勿抛一片心。降低倾诉和表达的欲望是中年人最应有的克制。

03

多年前，我对接过一家会计师事务所，有个叫小慧的实习生给我留下了很深的印象。小姑娘特别单纯，一看就不经世事。当时，和她一起实习的还有一个叫小新的女生。她们经常一起跑审计，慢慢地关系越来越好。

一次，小新因为一点失误，弄错了报表，被客户投诉了。她找小慧出主意，想看看怎么补救，好让自己通过实习期。小慧大大咧咧地说："别怕，实在不行，我找我舅舅替你说说话。"

原来，小慧舅舅是事务所的合伙人，随后，她把自己的背景悉数告知了小新。很快，全公司都在说小慧是"走后门"进来的。最后，小慧迫于压力，主动提了离职，实习期没有结束就走了。

说句公道话，小慧的业务能力不错，如果凭实力，该走的不是她。但这事却也怪不着别人，还是因为她自己社会经验太少，太过轻信于人。

小时候，我们被教育做人要诚实，要说真话、办实事。可在社会的熔炉里走一圈，我们会发现做人的大忌，恰恰是毫无保留的真诚。人心不可直视，如果你一味地希望以真心换真心，那往往会以悲剧收尾。

年少无知时，我们看谁都是好人，对谁都知无不言。可慢慢地，失望攒多了，我们才看清真诚是把双刃剑。在深不见底的人心面前，绝对的真诚容易滋养出恶意。被不怀好意的人看穿，"人为刀俎，我为鱼肉"的事也就不远了。

04

心理学家阿德勒曾表达这样的观点：成熟并不是看懂事情，而是理解人性。人到中年，人情世故愈发复杂，一个不小心，就可能卷入人情的旋涡，让自己麻烦缠身。那个自己帮过的人还在纠缠不休，那个知心好友又辜负了自己。那些付出过的热情、真诚、信任，在赤裸裸的现实面前是那么不堪一击。

一次次失望、一次次受伤、一次次悔不当初，这些都让人痛彻心扉。但也不必沮丧，恰恰是这些经历才催熟了我们幼稚的心。明确做事的界限，克制与人的关系，不过于疏离，也不过分热情，这才是一个成熟的女人应有的样子。